不會寫程式

也能創立 個人品牌
和 變現

快速打造你的數位助理,
建立結帳系統, 多管道同步推廣品牌

鄭緯筌 Vista Cheng ———— 著

國內科技／創業／管理界熱情推薦

在經營個人品牌路上，Vista老師曾建議我自架個人網站，不要只靠社群平台。那時我試過卻不知道怎麼經營，現在看到這本書，心裡非常感恩，推薦給跟我一樣不懂寫程式，但期望積極拓展影響力的朋友，可以依循書中步驟，獲得結果。

——林冠琳　Podcast創業時代主持人

AI時代，程式不再是門檻。馬上跟著Vista，運用無代碼工具打造你的獨特品牌。

——顧家祈　AI創業家

Vista老師畢生的功力都集結在這本書裡，創建「個人品牌」與「一人公司」必備的知識、工具、流程全部一次教會你，千萬不可錯過！

——Vito大叔　設計人生教練／人氣播客／圖文作家

不懂程式的人，只要跟著作者把各種不需要寫程式的工具串在一起，就能讓個人品牌有效率地運轉起來，節省很多摸索的時間，絕對值得一讀！

——網站帶路姬　《用WordPress打造賺錢副業》作者

這是一本我需要的書，解決我講師品牌定位、經營網站、電商金流打通、開設收費營隊等實務問題，真的是太棒了。

──張永錫　時間管理講師

Vista老師清楚說明了無代碼和低代碼工具如何改變我們的生活，不論你會不會寫程式，都能透過各種工具輕鬆提升生產力！

──林長揚　簡報教練

只有理科生才會寫程式的時代過去了，AI數位助理將能實現你的想像力。

──張繼聖　T客邦總主筆

許多人想靠經營自媒體獲利卻不得其門而入，還被許多架站行銷的技術問題困擾不已，看完這本書，就算是一個電腦小白也可以透過這些不用寫程式的網路工具來達成知識變現的目標了。

──劉奶爸　昇捷科技股份有限公司創辦人

目次

自序／擁抱無代碼，歡迎來到人人都能創造魔法的時代　006

第一章　歡迎來到無代碼時代　009

No code 和 Low code 的歷史　012

No code 與 Low code 的應用場景　017

No code 與 Low code 的重要性和如何開始　018

第二章　No code 與 Low code 工具、平臺介紹　023

網站建設工具　024

自動化工具　033

資料庫和專案管理工具　044

第三章　No code 與 Low code 工具、平臺實際案例　057

建立個人部落格或網站　057

自動化個人任務或提醒系統　066

創建簡單的資料庫追蹤個人專案　072

使用工具來管理個人時間與提升效率　078

第四章　打造個人品牌網站：基礎篇　085

為何你需要個人品牌　086

選擇合適的平臺、工具　094

網站架構和內容規畫　103

第五章　打造個人品牌網站：進階篇　111

Blogger 的特點和優點　112

Blogger 的申請和設定　115

SEO 和網站優化　118

個人品牌的變現策略　124

案例分析：Vista 的個人品牌網站　135

第六章　第三方金流服務的串接　141

評估合適的第三方金流服務　143

以統一金流為例說明　145

以「七天閃電 AI 營」為例　153

第七章　未來展望與行動指南　161

No code 與 Low code 的未來趨勢　162

No code 和 Low code 工具、平臺面臨的挑戰　167

無代碼時代的 AI 整合應用　168

學習資源和社群　177

你的下一步行動　178

自序
擁抱無代碼，
歡迎來到人人都能創造魔法的時代

　　時序進入 2025 年，我們正處在一個令人振奮的技術領航時代。資訊科技的飛速發展和數位轉型的浪潮，正在重新定義每個人的創造力與生產力。這是一個不僅僅屬於技術專家的時代，更是一個讓每個普通人都可以成為創造者的嶄新紀元。而這一切的核心推動力，都要拜無代碼（No code）和低代碼（Low code）工具的興起所賜。

　　對於許多人來說，創建一個網站、設計一個 App 或自動化某個業務流程，可說是一項極具挑戰性的任務，似乎只有專業的程式設計師才能完成。但如今，這樣的局面已經被徹底改變了。就在 2024 年 8 月，新北市有一名九歲的小朋友，竟然自己研發智慧型手表的記帳 App，顯見現在學習程式已經不像以前那麼困難了！更何況 No code 和 Low code 工具以其直觀的操作介面和高度可視化的開發方式，足以為沒有技術背景的普通人打開了一扇機會的大門。

　　如果你是我的長期讀者，你應該知道，我的創作生涯橫跨了資訊科技、商業管理、培訓教學和數位創新等領域。我既是一位滿懷熱忱的教育工作者，也是一位樂於實踐的創業者。在這個過程中，我見證了太多人的創意因為技術門檻而束手無策，無法讓理想付諸實現。

　　回想起我第一次接觸 No code 工具，是在一個需要快速搭建網站的專案

中。當時的條件不允許我依賴外部的技術團隊，我必須自己動手。而就是那次經歷，讓我深刻感受到No code工具所帶來的自由與創造力。後來，我逐步探索更多的工具，從網站建設到自動化工作流程，再到數據分析和行銷應用，每一次應用都讓我對這項技術的潛力感到驚嘆。

這本書的誕生，源自於我對數位時代創造力的深切期待。我希望透過這本書，向更多人分享無代碼與低代碼的魅力，幫助那些心中有夢想但卻缺乏技術背景的讀者，找到實現創意的路徑。

這不是一本教你寫程式的技術手冊，也不是一本艱澀難懂的科技寶典。它是一本為普通人量身打造的實用指南，結合我的專業背景和實踐經驗，透過真實案例和具體操作，讓你可以從無到有，親手打造屬於自己的數位產品和個人品牌。

No code與Low code技術的出現，掀起了一場創造力的革命。它讓不具備程式設計能力的人，也可以參與數位創新和各種應用程式的開發，進而顛覆傳統的技術遊戲規則。

本書的第一章，我用一個虛擬的「數位谷」故事，試圖描述這股創造力如何改變一個城市的居民生活。在現實中，我們每個人都生活在一個瞬息萬變的數位谷中，而No code與Low code工具正是幫助我們應對各種變化的利器。

你可能會問：「我不懂技術，也不是創業者，那還有必要學習這些工具嗎？」我的答案是：「有！而且非常有必要！」道理很簡單，因為在快速變化的數位時代，掌握No code與Low code的能力，不僅能幫助你快速實現各種想法，更能提升你的職場競爭力。從行銷人員設計一個活動頁面，到人力資源主管搭建一個簡單的員工出缺勤管理系統，再從小型企業主開設網路商

店，到教師設計互動課程平臺，這些便捷的工具已經深入我們工作與生活中的各個範疇。

更重要的是，善用 No code 與 Low code 工具，將會改變你看待問題的方式。你不再只是被動的執行者，而是積極的解決方案提供者；不再只是被技術牽制的旁觀者，而是可以主動掌控工具的創造者。

這本書將帶領你從零開始，深入理解 No code 與 Low code 的核心概念，探索它們的應用場景，並學會如何運用這些工具打造屬於你自己的網站和個人品牌。我將與你分享最實用的技巧、最具啟發的案例，以及如何一步步將你的創意變成現實的過程。

我相信，無論你是剛剛開始了解這些工具的新手，還是已經具備一定經驗的進階用戶，都能從這本書中找到啟發和幫助。我的目標是讓這本書成為你的隨身顧問，陪伴你在 No code 與 Low code 的世界裡自由探索，無懼任何的挑戰。

這兩年，生成式 AI 迅速崛起，很多人擔心自己的飯碗不保，甚至未來的工作會被取代。身為一位專門在企業與大學院校講授 AI 應用的講師，我可以跟大家說，技術的進步，並不是為了讓少數人變得更強，而是為了讓更多人擁有力量。在這個 AI 時代，每個人都有機會用自己的創意和雙手，創造出改變世界的產品與服務。

翻開這本書，讓我們一起踏上這場無代碼的旅程。我期待看到你如何用這些工具改變自己的生活，甚至影響更多的人。美好的未來，將由你掌控！

鄭緯筌 Vista Cheng

2024 年 12 月 30 日，於臺北市翠谷

第一章
歡迎來到無代碼時代

嗨，你好！歡迎來到無代碼時代。

無論你之前是否曾聽過No code（無代碼）與Low code（低代碼），都不打緊。首先，讓我們用一個虛擬的故事來為這本書揭開序幕。

在21世紀的某個平行時空裡，有一個名為「數位谷」的城市，這裡居住著來自各行各業的上班族。「數位谷」的居民安居樂業、積極向上，大家都有自己的夢想和創意。但是，他們卻面臨一個共同的挑戰：不知如何將這些有趣的創意，快速地轉化為具有可行性的計畫？

在No code與Low code工具、平臺出現之前，「數位谷」中只有少數的技術魔法師（也就是軟體工程師）能夠創建魔法（App，應用程式）。這些魔法師需要進行複雜的咒語編織（撰寫程式代碼），加上這個過程既耗時又昂貴，更令人無法忍受的是往往需要等待很長時間才能看到魔法的成果。

隨著時光的遞嬗，「數位谷」的居民開始尋找更快捷、有效的方法來實現他們的創意。這時，一群移民到「數位谷」的創新者，帶來了No code與Low code這二種神奇工具，他們彷彿給居民帶來了新希望，也給予每個人神奇的魔法能力。

讓我們來打個比方，No code就像一本魔法書，任何人只需透過簡單的拖曳方式，就能夠施展出各種魔法。就這樣，想要透過網路銷售產品的李明華用No code來圓夢，在短短幾個小時內就創建了一個網路商店，開始在網路上賣起了她自製的手工藝品；而在某科技公司擔任人力資源部門主管的凌

嘉琳，則運用 No code 設計了一個員工福利平臺，讓同事能夠更便利地選擇和申請該公司所提供的各種福利。

而 Low code 則像是一套強化版的魔法工具，它允許那些擁有一些技術背景、但不是全職魔法師的居民，能夠發揮巧思去創造更複雜的魔法。例如，在某家貿易公司擔任行銷總監的趙善珉，運用 Low code 整合了客戶管理系統和銷售數據，打造出了一個強大的數據分析平臺，讓該公司未來的各種決策皆可經由數據驅動，而不再只是憑老闆或主管的感覺行事。

自從引進這二種工具、平臺之後，使得「數位谷」的居民從此不再受限於技術門檻，他們開始有能力自己動手實現夢想。如此一來，不僅提升了效率和創新速度，還讓更多人得以參與創造的過程，也使得整個「數位谷」變得更加多姿多彩和充滿活力。

想想「數位谷」的故事，其實在企業、公部門或大學院校中推動 No code 和 Low code，就像是歷經一場技術民主化的革命，既可提升工作效率，又有機會改變職場的權力結構和工作方式。在這場革命中，每個人都有機會成為創造者，而每個充滿無限潛能的想法，也都有可能迅速成形。這不僅讓企業、組織能夠更快速適應瞬息萬變的全球市場變化，也讓大家的創意不受拘束，並且在圓夢的過程中又能提升效率。

看到這裡，不知你是否開始對 No code 與 Low code 工具、平臺感到好奇了呢？

在 21 世紀的企業環境中，數位轉型（Digital Transformation）已成為無可避免的趨勢，而在這股浪潮中，No code 和 Low code 技術應運而生，並迅速成為推動企業數位轉型的重要力量。

所謂數位轉型，是指企業為了應對快速變化的市場和技術環境，進行的結構和營運模式的根本性變革。其中包括採用新技術、改善客戶體驗、優化內部流程、增強數據驅動決策能力等。在這個過程中，No code 和 Low code

技術扮演著關鍵角色，具體來說：

1. **加速開發週期**：No code 與 Low code 工具、平臺允許快速開發和部署應用程式，大大縮短了從構思到實施的時間。對於希望迅速進行數位轉型的企業來說，這意味著能夠更快地推出新服務和產品，滿足市場需求。

2. **降低成本**：這些平臺減少了對專業開發人員的依賴，進而降低了軟體開發和維護的成本。對於資源有限的中小企業尤其有利，能夠以較低成本實現高品質的數位轉型。

3. **提高靈活性與適應性**：No code 與 Low code 工具、平臺使企業能夠快速適應市場變化和客戶需求，這在不斷變化的商業環境中至關重要。

4. **促進跨部門協作**：No code 與 Low code 工具、平臺使非技術背景的員工也能參與應用程式的開發，進而促進了各部門間的溝通和協作，有助於更好地理解和滿足業務需求。

5. **推動創新文化**：當所有員工都能參與到開發過程中，創新不再局限於某個部門或小組。這種開放和包容的創新文化，對企業的長遠發展來說相當重要。

6. **數據驅動的決策制定**：No code 與 Low code 工具、平臺常常與數據分析和報告工具進行整合，使企業能夠輕鬆搜集和分析數據，進而做出更加精準和有見地的決策。

換句話說，No code 和 Low code 技術為企業提供了一種更具有成本效益的方式來進行數位轉型。它們為快速適應市場變化、提升業務效率、促進內部創新和加強客戶的使用體驗提供了重要的支援。因此，對於希望保持競爭力和持續成長的企業來說，這些技術與工具之所以引起廣泛關注，原因在於它們為軟體開發帶來了根本性的變革：將複雜的程式撰寫過程轉化為直觀、易於操作的使用介面和開發流程，進而使得非技術背景的人員，甚至是一般

的社會大眾，也能夠參與程式的開發與管理。

值得注意的是，No code 和 Low code 並非僅僅是為非技術人員提供便利的工具。同時也為專業開發人員提供了一種更高效的工作方式，使他們能夠專注於更複雜的程式撰寫任務和系統整合，同時也能夠將一些較為簡單的任務交由業務團隊自行處理。這樣的合作模式不僅提高了整體開發效率，也促進了跨部門之間的溝通和協作。

雖說 No code 與 Low code 工具、平臺在近年來迅速發展，並且獲得許多企業、公部門和大學院校的支持，但是它們的發展沿革其實已有一段時日，可以追溯到數十年前。

No code 和 Low code 的歷史

現在，讓我們來回顧這二種技術的發展歷程。

說到美國微軟公司所推出的 Excel 這套試算表軟體，相信大家一定不陌生！因為我們在處理很多與數據相關的統計報表時，都少不了它。但是你知道嗎？ Excel 和 No code 之間，其實有一些淵源。

No code 的概念最早可以追溯到 1985 年，當時美國微軟公司剛發布了第一版的 Excel，這是一種讓非技術背景的用戶也能夠進行數據操作和分析的工具。這款軟體的問世，可以說是呼應了當時日益成長的業務和數據管理需求。

在 Excel 出現之前，數據管理和分析通常依賴於紙本記錄和複雜的手動計算，或是使用一些基礎的電子工具，如 VisiCalc（被認為是第一款電子試算表軟體）和 Lotus 1-2-3。這些方法不僅錯誤率高，而且在處理大量數據時往往需要耗費很多時間，顯得效率不彰。

Excel 這套電子試算表軟體的問世，解決了以下幾個主要問題：

1. 自動化複雜計算：Excel透過其強大的公式和函數庫，使得複雜計算變得自動化和準確，極大地提高了工作效率。

2. 數據整合與分析：Excel允許用戶在單一平臺上整合各種數據，提供了排序、篩選、圖表生成等多種數據分析工具。

3. 易於使用的使用者介面：與早期的電子試算表軟體相比，Excel擁有更加直觀、簡便易用的介面，降低了學習曲線，使得非技術背景的使用者也能輕鬆使用。

4. 可視化數據展示：Excel提供了豐富的圖表和圖形工具，使得數據展示更加直觀和吸引人。

隨著時間的推移，Excel不斷更新迭代，加入了更多進階的功能，例如：巨集、數據透視表、條件格式化等。這些功能不僅使得Excel成為企業和個人使用者的重要工具，也使其在數據分析、財務建模、報表製作等多個領域發揮著關鍵作用。

No code的發展和Excel息息相關，從Excel的開發和版本迭代的過程中獲得借鑑，後來市場上陸續出現了更多允許使用者進行複雜操作而不需要編寫程式代碼的平臺。這些平臺利用了圖形化介面，讓使用者透過拖曳等直觀操作來開發程式。而隨著諸多企業開始尋求數位轉型，No code因其快速部署和易於使用的特性而廣泛受到青睞。

2010年代中期，隨著技術的進一步發展和市場對更簡單工具的需求，各種No code平臺如雨後春筍般地出現。這些平臺（例如：Wix、Weebly和Squarespace等）主要針對非技術背景的使用者，允許他們透過視覺化介面輕鬆搭建網站或應用程式。

2010年代末到2020年代初，No code工具開始擴展至更多領域，包括數據分析、自動化工作流程和商業智能。好比Zapier和Airtable等平臺，能夠讓非技術背景的使用者能夠處理複雜的工作流程和數據操作，而無需編寫程

式代碼。

至於Low code的發展，也有三十多年的光景了。Low code的早期形式可以追溯到1990年代，那時的工具主要是為開發人員設計的，以加快開發週期和降低手動撰寫程式的需求。

當時，有幾個早期的開發工具可以視為是Low code概念的前身，這些工具包括：

1. Visual Basic：Visual Basic（VB）是美國微軟公司開發的一種程式設計語言和開發環境，它的發展歷程與演變對軟體開發領域產生了深遠的影響。Visual Basic 1.0於1991年推出，標誌著圖形化程式設計環境的起始。它是奠基於BASIC語言，目的是讓軟體開發更容易上手，尤其是針對不熟悉複雜代碼的使用者。隨著Windows操作系統的普及，Visual Basic的後續版本（如VB 2.0、3.0等）增加了對Windows圖形使用者介面的支援，並逐漸加強了其功能和性能。這些版本使得開發者能夠更輕鬆地建立Windows應用程式，包括拖曳式的使用者介面設計和較為直觀的事件驅動編程模式。

2. Delphi：Delphi是由美國Borland公司開發的一款程式語言和整合開發環境（IDE），其核心語言為Object Pascal。自1995年首次發布以來，Delphi經歷了多次重要的更新和演進，成為了專業軟體開發者廣泛使用的工具之一。Delphi的第一個版本於1995年推出，結合了快速應用開發（RAD）的便利性和Object Pascal的強大功能。Delphi提供了一個豐富的可視化設計環境，允許開發者輕鬆拖放控件來創建Windows應用程式的使用者介面。

3. Oracle Forms：Oracle Forms是美國Oracle公司開發的一套奠基於資料庫的應用程式開發工具，主要用於建立面向資料庫的企業級應用程式。它從1980年代早期開始發展，至今仍是許多Oracle資料庫應用的重要組件。Oracle Forms的前身是名為IAG和SQL*Forms的產品，最初是為了簡化從Oracle資料庫構建基本表單的過程。在那個時期，它主要是以字元模式運

行的，用於創建和處理資料庫中的數據。隨著圖形使用介面的普及，Oracle Forms進行了重大更新，引入了GUI功能。這使得開發者能夠創建更現代化、直觀的應用程式介面。

以上提到的這些工具，都體現了Low code開發平臺的核心理念：透過圖形化介面和自動程式代碼生成來降低手動撰寫程式代碼的需求，加速應用程式的開發週期。

隨著資訊技術的進步和市場需求的增長，Low code平臺開始提供更多高級功能和整合選項，藉以滿足更複雜的商業應用與程式開發的需求。而隨著雲端運算在2000年代的興起，以及企業對快速應用開發需求的增加，市場開始出現了專門的Low code開發平臺。這些平臺（如OutSystems和Mendix）開始提供更豐富的功能，包括模型驅動開發、自動化測試和部署等。

時序進入2010年代，Low code平臺進一步成熟，開始被廣泛應用於企業級應用開發。這些平臺的核心賣點在於它們能夠大幅度減少傳統程式撰寫的工作，同時保留對複雜業務邏輯和數據整合的控制。

現在，No code和Low code平臺不僅僅是獨立的工具，它們愈來愈被視為互補性的解決方案。企業往往同時使用這二種平臺，以滿足不同類型的開發需求。

隨著AI和機器學習技術的進步，這些平臺也開始整合AI功能，如自動生成程式代碼、性能優化建議等，進一步提高開發效率和撰寫程式的品質。此外，隨著技術的發展，這些工具的應用範圍將進一步擴大，涵蓋更多行業和業務場景。

換句話說，No code和Low code的發展歷程，不僅反映了軟體開發領域從專業技術向更廣泛受眾的轉移，同時也顯示了當今社會不斷追求商業應用的高效趨勢。有關No code和Low code的特性比較，可參考下表：

特性	No code	Low code
起源	1985年	1990年代
核心概念	非技術用戶也能操作和分析數據	加速開發週期，減少手動撰寫程式代碼
使用介面	圖形化、直觀操作	圖形化、拖曳操作
適合對象	非技術背景人士	開發人員和非技術人員

No code 案例

典型的案例是使用像 Bubble（https://bubble.io）這樣的平臺來創建一個線上市場。一位沒有任何程式設計經驗的市場經理，可以利用 Bubble 的視覺化工具來設計頁面布局、設定資料庫和整合支付系統，進而在幾天內就能上線一個功能完善的電子商務網站。

Low code 案例

Mendix（https://www.mendix.com）是一個常見的 Low code 平臺，適用於多種場景，如客戶體驗改善、數位轉型和流程自動化。例如，某家保險公司利用 Mendix 開發了一個客戶服務的入口網站，該入口網站整合了他們所有的客戶服務流程，實現了資料自動化更新和查詢處理。這不僅提高了客戶滿意度，也減少了員工的手動工作量。

讓我再舉一個案例來為你說明，某家製造業公司使用 OutSystems（https://www.outsystems.com）平臺快速開發一個用於設備維護和管理的移動應用。這個應用使得現場工作人員能夠即時報告問題並跟蹤維修進度，進而提高了營運效率並降低了停機時間。

No code 與 Low code 的應用場景

看完上面的介紹後，相信你對 No code 與 Low code 已經有一些基礎的認知。隨著諸多企業開始投入數位轉型，對於現代上班族而言，掌握 No code 和 Low code 技能已經成為一項關鍵的職業資產。這不僅有助於個人能力的提升，更是為了適應快速變化的職場環境和未來的工作需求。

關於 No code 和 Low code 在職場上的多元應用，以下簡單為你說明：

■ No code 的應用場景

1. 行銷活動管理

應用場景：行銷團隊可以利用 No code 工具來創建和管理網路行銷活動，好比推廣活動的著陸頁面（Landing page）或電子郵件行銷系統。

案例：某家零售公司的行銷團隊使用 Wix 或 Squarespace 的 No code 平臺，快速搭建了一系列促銷活動的著陸頁面，無需等待 IT 部門的開發排程，大幅加快了市場推廣的速度。

2. 客戶關係管理

應用場景：銷售和客服團隊可以使用 No code 工具來自行建構客戶關係管理（CRM）系統，以追蹤銷售漏斗（Sales Funnel）和客戶互動的狀態。

案例：某家中型企業的銷售團隊使用了像 Airtable 這樣的 No code 工具來管理客戶資料和銷售進度，使得銷售流程更加透明和高效。

■ Low code 的應用場景

1. 內部工作流程自動化

應用場景：企業可以利用 Low code 平臺自動化內部工作流程，例如：財務報告、人力資源管理和專案管理等。

案例：某家製造公司運用類似Microsoft Power Apps的Low code平臺，建立了一個自動化的庫存管理系統，該系統得以與其ERP系統無縫整合，提高了庫存管理的準確性和效率。

2. 客製化應用開發

應用場景：公司的IT部門或技術熟練的員工可以使用Low code平臺開發特定企業需求的應用程式，好比員工自助服務系統或客戶支援系統。

案例：某家金融服務公司的IT團隊利用諸如OutSystems的Low code平臺來開發客戶服務入口網站，該入口網站整合了多個內部系統，提供了一個統一的客戶互動介面，進而提升了客戶的使用體驗和服務效率。

No code 與 Low code 的重要性和如何開始

在前面的章節，我為大家介紹了一些No code與Low code的應用場景，接下來就讓我們繼續來談談，為何你需要學習這兩種類型的工具、平臺？

過去幾年，尤其受到新冠肺炎疫情的影響，No code和Low code這類的工具或平臺，愈來愈受到重視，也激發許多新創、併購，並促成許多相關產業出現。

不只是新創圈颳起一陣無代碼或低代碼的風潮，No code和Low code工具、平臺也普遍受到了公部門、企業界和學術機構更高程度的關注。包括醫院、政府單位和企業在內等機構，都必須比預期更快地開發線上服務和新的應用場景。

根據Gartner的一項調查顯示，2024年時，全球企業界將有高達80%以上的資訊系統，是那些「不會寫程式的工程師」運用No code和Low code軟體所設計的。就產值來說，No code產業也從2017年時的35億美元，迅速成長至2021年時的138億美元。

Gartner公司的研究副總裁Fabrizio Biscotti表示：「雖然低代碼應用程式開發並不新鮮，但數位化顛覆、超自動化和可組合業務的興起，共同導致了工具的湧入和需求的不斷成長。」

Gartner的研究指出，平均41%的非技術員工開始投入無代碼或低代碼的領域。Gartner預測到2025年底，會有多達五成的新低代碼客戶將來自資訊技術領域以外的企業買家。

目前，所有主要的軟體即服務（SaaS）供應商都提供了包含低代碼開發技術的功能。隨著SaaS的日益普及，以及這些供應商的平臺愈來愈多被採用，將可看到低代碼應用平臺和流程自動化工具的相應成長。

此外，Gartner預測會有愈來愈多的業務技術人員希望創建並執行自己的想法，以推動業務應用程式和工作流程的更多自動化。

看到這裡，不知道你會不會有個疑問。如果本身不是程式設計師，那麼為何還需要學習No code和Low code平臺、工具呢？

在此，讓我幫你做一個簡單的歸納：

1. 快速驗證想法：使用No code和Low code工具、平臺，可以幫助職場人士快速構建原型或最小可行性產品（MVP），以驗證商業想法或解決工作中的問題。即便你本身不具有程式開發能力，也能夠展現想法與創意。
2. 提高生產力：這些工具可以自動化許多繁瑣的工作流程，進而讓你有更多時間專注於更具價值的任務。
3. 跨部門協作：由於No code和Low code工具、平臺通常很容易上手使用，即便非技術人員也可以參與開發過程，促進跨部門的協作和溝通。
4. 成本效益：對於中小型企業，或者預算有限的專案，這些工具、平臺提供了一種更經濟有效的解決方案。
5. 職涯發展：學習這些技能不僅可以增加個人的工作價值，還可以為你

開啟轉職或升職的新機會。
6. 數位轉型：隨著愈來愈多的企業開始投入數位轉型，積極地採用各種數位解決方案，掌握 No code 和 Low code 技術將可協助你更適應未來的工作環境。

換言之，No code 和 Low code 不僅是一種新興的技術，更是一種改變遊戲規則的工具。它使得每一個知識工作者都有可能成為未來的軟體開發人員。所以，無論你是自由工作者或一般的上班族，都應該認識到 No code 和 Low code 的重要性，並積極參與這一波的資訊革命新浪潮。

那麼，我們如何開始學習呢？在此，我也提供了幾個行動方針給你參考：
1. 確定目標和需求：在開始之前，明確了解你希望解決什麼問題或達成什麼目標。
2. 選擇合適的平臺：根據你的需求，研究和選擇一個或多個 No code 或 Low code 平臺。例如，如果你需要建立一個網站，可以考慮選擇 Wix、Squarespace 或是使用 WordPress、Google Blogger 來架設部落格。
3. 學習基礎知識：許多工具、平臺都提供免費的教學課程和參考說明文件。只要你願意搭配本書再花一點時間學習這些資源，便可獲得基礎知識。
4. 動手實踐：嘗試創建一個小型專案或原型，這有助於讓你快速熟悉相關工具、平臺的各種功能和限制。
5. 參與學習社群：加入相關的線上論壇或開發社群，可以獲得及時支援和獲得創意、靈感。當然，這也是一個學習與實踐的好方法。
6. 持續學習和調整：隨著你對 No code 和 Low code 工具、平臺的熟悉，可不斷調整和優化你的專案。當然，我們也需要與時俱進，保持對新功能和最佳實踐的了解。

7. 評估和迭代：完成專案之後，請謹記進行性能和效益評估，並根據回饋進行調整。

> **Key Points**
>
> 1. **No code 和 Low code 的引入**：這些工具、平臺讓非技術背景的人士也能輕鬆進行軟體開發，顛覆了傳統程式設計的方式，也降低了技術門檻。
> 2. **技術民主化的典範**：No code 和 Low code 的崛起，催生了技術民主化的浪潮，讓更廣泛的人群能夠參與創新和數位轉型的過程中。
> 3. **企業數位轉型的加速器**：No code 和 Low code 工具、平臺為企業提供了快速實現數位轉型的助力，幫助企業提升靈活性和市場適應性。
> 4. **成本與效率優勢**：企業可透過這些工具、平臺，以更低成本和更快速度開發和部署應用程式，進而提升營運效率。
> 5. **促進跨部門協作**：No code 和 Low code 工具、平臺簡化開發流程，使來自不同背景的員工能夠共同參與專案開發，促進部門間的溝通和合作。
> 6. **降低技術學習門檻**：這些工具、平臺透過直觀的操作介面，使非技術背景的人員也能參與軟體開發，進而提升他們的技能和自信心。
> 7. **迎合市場快速變化**：No code 和 Low code 工具、平臺使企業能夠迅速適應市場變化，快速推出新產品或服務以滿足市場需求。
> 8. **創造創業與創新機會**：No code 和 Low code 工具、平臺為創業者和創新者提供了一個低成本、高效率的開發藍圖，協助快速實現創意。

第二章
No code 與 Low code 工具、平臺介紹

　　在第一章，我為大家介紹了 No code 和 Low code 工具、平臺的發展沿革。想必現在你已經知道了，它們的理念其來有自，並非最近才忽然出現在大家面前。早在視覺化程式設計語言和拖曳介面問世的初期，這種概念就已孕育而生。隨著雲端運算、人工智慧和數據分析技術的蓬勃發展，近年來這些工具和平臺發展漸臻成熟，並廣泛被全球產業界人士應用在各種職場的場景中。它們的核心目標是簡化開發流程與提升工作效率，讓一群即便沒有技術背景的職場人士，也能夠迅速地建構和部署各種軟體應用。

　　這場資訊革命的意義相當深遠，遠超過技術本身的易用性。道理很簡單，因為它實質上代表了創新方法的一次根本性轉變。換句話說，無需龐大的資金投入或深厚的技術積累，無論是自由工作者、一人公司或企業都能實現自動化、數據分析和網際網路應用的開發。當然，這也為快速試驗、產品原型開發和業務創新開啟了一扇嶄新的視窗，尤其對中小企業和新創公司而言，更意味著巨大的機遇。

　　顯而易見地，No code 和 Low code 工具、平臺正在顛覆傳統的軟體開發模式。透過直觀的拖曳介面、豐富的模板庫和強大的整合功能，這些工具使得非技術背景出身的人士也能夠迅速開發出應用程式。它們涵蓋了從網站建設、自動化流程，到資料庫管理和專案協作，乃至應用程式開發等各個層面。這不僅大幅縮短了從構想到實現的時間，也顯著降低了開發成本，對以中小企業為主的臺灣業者來說，更是一大福音。

第二章
No code 與 Low code 工具、平臺介紹

在接下來的章節中，我將深入探討這些革命性的工具和平臺。首先，從網站建設工具開始，我將為你介紹如何在無需任何程式設計知識的情況下，就能建立專業的網頁。接著，進入自動化工具的世界，看看如何輕鬆管理繁瑣的業務流程。最後，在資料庫和專案管理工具的章節中，我將向你展示高效組織和分析數據的方法。

整體而言，希望這趟探索之旅，可以與你一起理解 No code 和 Low code 工具、平臺的神奇妙用！它們不僅為企業家和創新者開啟了新的可能性，也為所有追求高效和自動化的專業人士提供了前所未有的機會。現在，讓我們一起踏上這趟充滿創造和發現的旅程吧！

網站建設工具

說到網站，相信你一定不陌生。在當今的數位時代，網站對於企業和個人都有著不可小覷的價值。以下是有關網站的主要用途、功能和價值的說明。

網站的用途

1. **資訊展示**：透過網站，可以清楚地展示貴公司介紹、產品資訊、服務內容、聯絡資料等。
2. **品牌建立與推廣**：用於塑造和強化個人或企業的品牌形象。
3. **電子商務**：透過電商平臺進行產品展示、銷售和交易處理。
4. **內容發布**：發布新聞、部落格文章、研究報告等，提供具有價值的資訊。
5. **客戶互動**：透過聯絡表單、即時通訊軟體、社群媒體等方式與客戶互動。
6. **線上服務提供**：如線上預約、顧問諮詢、客戶服務等。

網站的功能
1. **使用介面**：提供清晰、吸引人的設計和易於導航的布局。
2. **內容管理**：允許輕鬆新增、編輯和管理網站內容。
3. **SEO優化**：加強網站在搜尋引擎中的可見度。
4. **行動適應性**：確保網站在各種設備上都能良好顯示。
5. **安全性**：保護網站避免遭受駭客攻擊和數據洩漏。
6. **分析工具**：提供訪客行為和流量來源的詳細分析。

網站的價值
1. **提高可見度**：使企業或個人在網絡上更容易被發現。
2. **建立信任**：專業的網站設計，可以加強品牌的可信度。
3. **市場擴展**：拓展新的市場，吸引更廣泛的目標客戶。
4. **銷售成長**：特別對於電商業者而言，透過網站可以直接驅動銷售。
5. **客戶服務改進**：提供更好的客戶支持和服務管道。

看到這裡，你應該可以理解：對於公司行號和個人而言，建置網站都具有顯著的價值。對於企業來說，網站是展示品牌、拓展市場、增加銷售和改善客戶服務的重要工具。對於個人來說，尤其是自由工作者、藝術家或專業人士，網站也能夠幫助建立個人品牌、展示作品或經歷、吸引潛在客戶或雇主。

當然，建置網站的決定應基於個人或企業的具體需求、目標和資源。當你計畫使用No code或Low code工具、平臺來設計網站時，需要注意以下幾個重要事項和考慮的重點。

1. 明確目標與受眾
- 確定你的網站目標（例如：展示作品、銷售產品、提供資訊等）。

- 清楚知悉目標受眾是誰，這將會影響你的設計風格和內容策略。

2. 設計與布局
- 選擇適合你的品牌和目標受眾的模板和設計元素。
- 確保網站布局直觀、易於導航，提升使用體驗。

3. 內容品質
- 提供高品質、有價值的內容。
- 確保內容清晰、準確，並謹記定期更新。

4. 行動適應性
- 確保網站在電腦、平板電腦與智慧型手機等不同裝置上都能良好顯示，尤其是在行動裝置上。

5. SEO 最佳實踐
- 適當地使用關鍵字，優化標題和描述。
- 確保網站有良好的加載速度和結構化數據。

6. 電子商務功能（如果有需要的話）
- 如果網站涉及銷售，請確保電商功能（例如：購物車、金流支付）完善且安全。

7. 分析和回饋
- 使用分析工具追蹤訪客行為和流量來源。
- 獲取用戶意見回饋，並根據回饋進行調整。

8. 法規遵循
- 確保網站符合相關法律和規範，例如：隱私政策和著作權資訊。

9. 預算與資源
- 考慮網站建設和維護的預算。
- 了解不同平臺的價格計畫、付費方式以及所提供的資源。

10. 長期維護

- 計畫如何長期維護和更新網站。
- 考慮未來可能的擴展或系統升級。

為了方便理解,我把相關重點整理成以下的表格供你參考:

考量點	描述	目的／重要性
目標與受眾	明確網站目標和目標受眾	指導設計和內容策略
設計與布局	選擇合適的模板和布局	提高使用體驗和可用性
內容品質	提供有價值的內容	吸引和保留訪客
行動適應性	確保網站在行動裝置上的表現	擴大觸及範圍
SEO最佳實踐	實施SEO策略	提高搜尋引擎排名
電子商務功能	如有需要,請確保電商功能完備	支持線上交易
分析和回饋	使用工具追蹤訪客數據,獲取回饋	優化網站性能
法規遵循	確保符合隱私政策和著作權法	避免法律風險
預算與資源	考慮成本和所需資源	確保項目可行性
長期維護	規劃網站的長期管理和更新、升級	確保網站的持續性

Wix 網站的歡迎頁面，內有多種版面提供選擇。圖片來源：https://zh.wix.com

　　Wix 最早採用 Adobe Flash 技術所搭建，但隨著 HTML5 的崛起，Wix 於 2012 年轉向 HTML5，此舉顯著提升了該平臺的靈活性和兼容性。

　　Wix 於 2013 年在美國納斯達克成功上市。此後，公司快速增長，不斷擴大其用戶基礎，成為全球領先的線上網站建設平臺之一。從 2014 年開始，Wix 持續擴展其功能，包括添加了電子商務能力、SEO 工具、多種應用程式和服務的整合等，以滿足不同用戶的需求。

　　Wix 團隊由四大洲十五個國家不同種族的專業人士組成，人數來到五千人之譜。根據 Wix 官方網站所揭露的數據顯示，目前全球超過 2.5 億人使用 Wix 來架設網站。

　　Wix 的主要功能，如下：

1. 網站建設器
- 提供拖曳式的網站建設器，使用者可以輕鬆選擇和客製化網站的元素和布局。

2. 模板庫
- 擁有豐富的模板庫，從個人部落格到企業網站的多種風格和用途。

3. 自訂設計
- 提供高度自訂的選項，包括文字、顏色、圖像、背景等，讓用戶可以創建獨一無二的網站。

4. 電子商務功能
- 支援在網站上建立網路商店，包括產品管理、金流支付、庫存管理等。

5. SEO 和行銷工具
- 提供 SEO 工具協助提升網站在搜尋引擎中的排名，以及整合社群媒體和電子郵件行銷工具。

Wix的特點，如下：

1. 使用者友好
- Wix以其直觀和易於使用的介面而著稱，即便是沒有技術背景的用戶也能輕鬆建立和維護網站。

2. 高度客製化
- 雖然Wix提供眾多的預設模板，但使用者仍然擁有豐富的自訂選項調整網站的外觀和功能。

3. 多功能整合
- Wix不僅是一個網站建設器，還整合了許多其他功能，例如：電子商務、部落格、預約系統等。

4. 適用於各種用途
- 從個人網站到大型企業，Wix的靈活性和多功能性使其成為各類使用者在架站時的理想選擇。

5. 強大的社群和客戶支援
- Wix擁有一個活躍的用戶社群和廣泛的幫助文件，為使用者提供強大的支持。

整體而言，Wix無疑是一個全面、直觀且功能豐富的網站建設平臺，已

成為全球190個國家諸多使用者的首選，無論個人用戶還是企業客戶，都提供了有效的解決方案。

當然，除了Wix之外，目前坊間有相當多類似的架站工具，像是Weebly、Strikingly等也各擅勝場。為了方便比較，我整理表格供你參考。

weebly和Strikingly網站頁面。
圖片來源：https://www.weebly.com，https://www.strikingly.com/?locale=zh-TW

特色	Wix	Weebly	Strikingly
功能	豐富模板、高度自訂、電商功能、SEO工具	易用拖曳介面、電商功能、SEO基本工具、部落格工具	專注單頁面設計、基本電商功能、行動優化
價格	免費版；付費版從每月4.5美元起跳	免費版；付費版從每月10美元起跳	免費版；付費版從每月8美元起跳
優勢	模板多樣、自訂性高、功能全面	介面直觀、使用簡單、價格合理	簡單快速、適合個人和小型專案
劣勢	價格較高、模板選定後難更換、加載速度略慢	模板選項和自訂功能相對有限	功能較基本、自訂選項有限
使用注意事項	選定模板後難以更換、考慮高級計畫的成本	適合簡單網站需求、審視電商功能限制	考慮單頁面設計對SEO影響、功能適用

接下來，讓我來為你詳細分析這三個平臺各自的優、缺點。

Wix的優勢與劣勢

■優勢

1. **豐富的模板**：提供數百個專業設計的模板，涵蓋廣泛的類型和風格。
2. **高度自訂**：拖曳編輯器提供了強大的自訂選項，用戶可以非常自由地設計網站。
3. **全面的功能**：除了基本的網站建設，還包括電商、SEO、社群媒體整合等多樣功能。
4. **良好的使用體驗**：直觀的使用介面和便利的客戶支援。

■劣勢

1. **價格相對較高**：相比其他架站平臺，Wix的價格可能稍高，尤其是更高級的方案。
2. **模板一旦選定難以更換**：一旦選擇了某個模板並開始編輯，就不能輕易更換到另一個模板。
3. **網站加載速度**：之前網路上曾有些使用者抱怨Wix網站的加載速度可能不如其他平臺，這個部分建議你實際體驗和測試，多比較看看之後再做定奪。

Weebly的優勢和劣勢

■優勢

1. **易於使用**：直觀的拖曳介面，適合初學者快速上手。
2. **價格合理**：提供免費版本，付費方案相對來說比較經濟實惠。
3. **良好的電商支援**：對於想要建立網路商店的使用者來說，Weebly提供了不錯的電子商務功能。
4. **SEO友好**：提供基本的SEO工具和指南。

■劣勢

1. **模板選擇有限**：相較於 Wix，Weebly 的模板選擇較少。
2. **自訂功能有限**：比起 Wix，Weebly 在自訂設計方面的靈活性較低。
3. **功能限制**：Weebly 的某些高級功能可能不如其他架站平臺來得全面。

Strikingly的優勢和劣勢

■優勢

1. **專注於單頁設計**：非常適合建立單一頁面網站，操作簡單快速。
2. **使用便捷**：使用介面直觀，易於導航。
3. **免費方案可用**：適合剛起步的小型專案或個人使用。
4. **行動優化**：重視智慧型手機等行動裝置的使用體驗。

■劣勢

1. **功能較為基本**：與 Wix 和 Weebly 相比，Strikingly 的功能顯得較為簡單，可能不太適合比較複雜的網站建置。
2. **自訂選項有限**：在自訂設計方面的選擇來說，不如其他二個平臺豐富。
3. **適用範圍有限**：主要適用於小型專案或個人網站，比較不適合需要強大、多元功能的大型企業網站。

　　無論是 Wix、Weebly 或 Strikingly 等架站工具、平臺，每個服務都有其獨特的優勢，對應不同的需求和偏好。因此，我想建議你根據自己的具體需求來選擇最合適的平臺。

　　以下，是我的使用建議：

　　Wix：最適合對網站設計有特定要求和希望擁有更多自由度的用戶，尤其適合那些希望建立視覺上吸引人且功能全面的網站。

Weebly：適合初學者和中小企業，尤其是那些尋求經濟有效且易於管理的網站解決方案的用戶。

Strikingly：最適合需要快速建立簡單網站的個人或小型項目，特別是當時間和資源有限時。

對於大多數No code使用者來說，Wix是一個不錯的選擇，因為它提供了豐富的模板、高度的自訂性和全面的功能，適合各種類型和規模的網站建設。尤其對於那些希望在網站設計上有更多自由和創意的用戶來說，Wix提供了廣泛的可能性。

如果預算有限或者是初學者，希望快速上手，則可以考慮使用Weebly。對於需要建立簡單、專注於內容展示的個人網站或小型專案，Strikingly則是一個快速且有效的解決方案。

自動化工具

說到自動化工具，不知道你的腦海裡會浮現什麼畫面？其實，不用把自動化工具想得太複雜！簡單來說，自動化工具就是指那些能夠幫助使用者自動完成特定任務或流程的軟體或App。這些工具通常旨在簡化複雜或重複性任務，提高效率和準確性。

為了幫助理解，以下針對自動化工具的用途、功能和價值進行說明：

自動化工具的用途

1. **工作流程自動化**：自動化日常業務流程，例如：資料輸入、報告生成等。
2. **電子郵件行銷**：自動化電子郵件發送流程，包括：群發郵件、追蹤回應等。
3. **社群媒體管理**：自動安排和發布社群媒體貼文。

4. **客戶關係管理**：自動更新客戶數據、追蹤互動和交易。
5. **專案管理**：自動化任務分配、進度追蹤和通知。

自動化工具的功能

1. **任務調度**：定時執行特定任務或流程。
2. **數據同步**：在不同系統間自動同步數據。
3. **流程觸發**：當達到特定條件時,自動觸發、啟動流程或任務。
4. **報告和分析**：自動生成報告和進行數據分析。
5. **整合**：與其他應用程式或服務進行整合,以擴展功能。

自動化工具的價值

1. **提高效率**：透過減少手動工作,節省時間和資源。
2. **錯誤減少**：透過自動化流程,可以減少人為錯誤的可能性。
3. **數據洞察**：快速生成的數據報告,有助於更好的決策。
4. **客戶滿意度提升**：快速、一致的回應,提高客戶體驗。
5. **業務成長**：自動化使企業可以專注於核心活動,進而促進業務成長。

無論就公司行號或個人而言,使用 No code 或 Low code 工具、平臺來建置自動化工具,都具有顯而易見的價值。

對公司行號的價值

1. **提高效率**：自動化日常操作可減少手動工作,將員工從繁瑣任務中解放出來,專注於更有價值的工作。
2. **成本節約**：降低對專業技術人員的依賴,減少開發和維護自動化系統的成本。

3. **錯誤減少**：自動化流程有助於減少人為錯誤，提高工作品質和準確性。
4. **數據洞察和決策支持**：透過自動搜集和分析數據，公司可以獲得更深入的業務洞察，進而做出更明智的決策。
5. **靈活性和快速回應**：在市場和業務需求變化時，能夠快速調整和部署自動化流程。
6. **加強競爭力**：透過提高營運效率和回應速度，進而加強在市場上的競爭力。

自動化工具不止對公司行號的貢獻相當大，同樣也對個人有所幫助。

對個人的價值

1. **時間管理**：自動化日常任務可以幫助個人節省時間，專注於更重要的工作或個人發展。
2. **提高生產力**：透過減少重複和瑣碎的工作，可以讓人更有效率地完成任務。
3. **技能提升**：學習和使用 No code 或 Low code 工具、平臺本身就是提升個人技能的過程，有助於個人職業發展。
4. **創業和創新機會**：對於創業者和自由工作者來說，能夠低成本快速實現創新想法以及打造業務模型。
5. **個人品牌建設**：個人可以利用自動化工具來加強個人品牌的能見度和影響力，例如：透過社群媒體自動化來提高參與度。

總結來說，無論對於公司還是個人而言，No code 或 Low code 工具、平臺提供了一個低門檻、高效率的方式來實現和維護自動化，進而創造價值並

帶來顯著的效率提升。

當你考慮使用坊間某套 No code 或 Low code 工具、平臺來部署自動化流程時，以下是一些重要的建議和注意事項。

建議

1. 明確需求
- 在開始之前，請先釐清你想要部署自動化的流程和任務，並確定它們是否適合透過自動化的方式來解決？

2. 選擇合適的工具
- 根據需求選擇合適的 No code 或 Low code 工具、平臺，除了比較各產品的價格、功能之外，也需要考量其易用性、可擴展性和其他衍生成本等層面。

3. 小規模開始
- 從小規模、低風險的流程開始自動化，逐步擴展到更複雜的流程。

4. 使用者培訓
- 確保團隊成員了解如何使用選定的 No code 或 Low code 工具、平臺，並提供適當的培訓和資源。

5. 持續測試和優化
- 自動化流程需要定期測試和優化，以確保其有效性和效率。

6. 整合和數據安全
- 考慮如何將自動化工具與現有系統整合，並確保所有自動化流程遵守數據保護和隱私法規。

注意事項

1. 避免過度依賴自動化
- 並非所有流程都適合自動化。建議你避免過度依賴自動化，特別是在需要人工判斷或客戶互動的場景中。

2. 使用體驗
- 在設計自動化流程時，請謹記考慮整體價值與使用體驗。

3. 監控和維護
- 自動化流程需要持續地監控和維護，以應對業務變化和技術更新。

4. 遵守法律法規
- 確保自動化解決方案符合相關行業標準和法規要求。

5. 測量 ROI
- 測量自動化帶來的回報，確保此項投資能夠產生預期的效果。

6. 靈活性和可擴展性
- 選擇可以隨業務成長而擴展的解決方案，並保持對新技術的靈活性。

整體而言，當你預備選擇某套自動化工具時，應該優先從自己的實際需求出發，保持靈活性，並注重持續的優化和改進。

為了方便理解，我把相關重點整理成以下的表格供你參考：

注意事項	說明	目的／重要性
明確需求	確定哪些流程適合自動化，並明確自動化的目標。	確保自動化努力集中於最重要的領域
選擇合適的工具	根據需求選擇合適的 No code 或 Low code 工具、平臺。	確保工具能夠滿足特定需求和整合需求
小規模開始	從簡單的流程開始實施自動化，並逐步擴大範圍。	降低初期風險並學習自動化的最佳實踐
用戶培訓	確保團隊了解如何使用自動化工具並提供培訓。	提高工具的使用效率和員工的參與度
持續測試和優化	定期測試自動化流程並根據回饋進行優化。	確保流程有效且能夠應對變化
整合和數據安全	確保自動化解決方案與現有系統整合良好並符合數據安全標準。	保護數據安全並實現無縫整合
避免過度自動化	避免自動化那些需要人工判斷或創造性思維的任務。	保持人工智慧和人類判斷的平衡
監控和維護	持續監控自動化流程並進行必要的維護。	及時應對問題和變更
法規遵循	確保自動化解決方案遵守行業標準和法律法規。	避免法律風險和遵守規範
測量 ROI	評估自動化帶來的回報，確保投資有效。	確定自動化投資的價值
靈活性和可擴展性	選擇可以隨著業務成長而擴展的解決方案，並保持對新技術的靈活性。	確保長期的適應性和成長潛力

目前坊間可以部署自動化流程的 No code 或 Low code 工具、平臺相當多，例如：

1. **Zapier**：連接不同的應用程式和服務，自動化工作流程。
2. **IFTTT（If This Then That）**：創建簡單的條件語句來自動化任務。
3. **Microsoft Power Automate**：美國微軟公司專為企業設計的自動化平臺，提供豐富的工作流程自動化功能。
4. **Make**：可視化的自動化工具，提供複雜的工作流程設計和管理。可以透過新建腳本並設定適當的模組，進而決定在哪些條件下串接哪些不同軟體、觸發什麼樣的自動化流程。
5. **Airtable**：透過其內建的自動化功能，對資料庫進行自動操作和整合。

這些 No code 或 Low code 工具、平臺，提供了一種輕鬆進入自動化領域的方法，無需具備深厚的程式設計知識，就可以創建和管理複雜的自動化流程。

有鑑於坊間可以用來部署自動化流程的 No code 或 Low code 工具、平臺不勝枚舉，現在讓我為你介紹一套使用起來最為簡便的 IFTTT。

IFTTT 是一個知名的網路服務平臺，可以整合其他不同平臺、軟體的條件來決定是否執行下一條命令。IFTTT 的名稱由來，源自於它的口號「IF This Then That」。簡單來說，IFTTT 可以把不同網路串連成行動，如果 A 網路服務發生了什麼事情，那麼 B 網路服務就可據此做出反應。換句話說，即便是不會寫程式的普通人，也可以透過簡單的幾個動作就能夠完成自動化流程的部署。

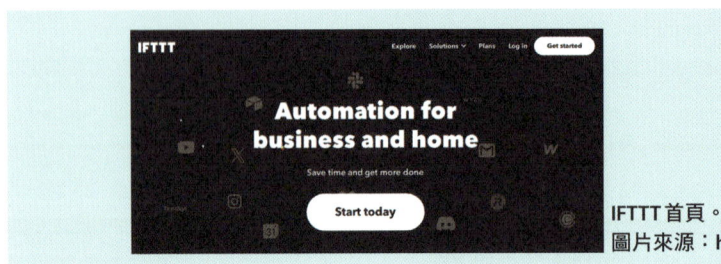

第二章
No code 與 Low code 工具、平臺介紹

IFTTT 首頁。
圖片來源：https://ifttt.com

IFTTT 於 2010 年由 Linden Tibbets 創立，起初只是作為一個簡單的自動化平臺，允許使用者創建「如果發生這個，那麼就執行那個」的指令語句。好比如果交通部中央氣象署預測明天開始有一波寒流來襲，請今天提早透過手機的 LINE 傳訊提醒我。

在早期，IFTTT 主要的研發重心集中在各種網路服務的整合，例如：社群媒體、郵件和雲端儲存服務等，快速獲得全球用戶和行業的認可。隨著時間的遞嬗，IFTTT 不斷擴展其服務範圍，涵蓋更多的應用程式和智慧設備，例如：智慧家居、穿戴式設備等。

最初，IFTTT 是完全免費的，但近年來開始引入付費模式，提供更高級的自動化功能和商業解決方案。目前 IFTTT 仍保有免費方案，免費版僅能同時使用二個 Applet；付費方案有二種，分別為每月 3.33 美元的 Pro 方案和每月 12.5 美元的 Pro+ 方案，功能更為強大。

IFTTT 的收費方案。
圖片來源：https://ifttt.com/plans

接下來，我們介紹IFTTT的功能。

1. 創建 Applets
- Applets是IFTTT的核心功能，允許使用者創建自動化的「如果……那麼……」的指令語句，例如：如果我在Instagram上發布新照片，那麼請自動幫我將其保存到Dropbox。

2. 多種服務整合
- IFTTT支援超過六百個服務，包括：社群媒體、智慧家居設備、辦公自動化工具等。

3. 個性化客製
- 使用者可以根據自己的需求來打造Applets，或選擇已經創建好的Applets。

4. 觸發與操作
- 觸發（Trigger）是啟動Applet的事件，而操作（Action）是作為回應執行的任務。

IFTTT的特點，如下：

1. 使用者友好
- IFTTT以其直觀的介面和簡單的設置過程著稱，適合非技術背景的使用者。

2. 靈活性和多功能性
- IFTTT支持廣泛的應用和裝置、設備，使其在許多不同的用途中都非常有用。

3. 自動化日常任務
- 透過自動化日常任務，IFTTT得以幫助用戶節省時間，提高效率。

4. 免費和付費服務

- IFTTT提供基本免費服務，同時還有針對企業和進階用戶的付費方案。

5. **整合第三方服務**
- 能夠與多個第三方服務和平臺無縫整合，擴展其功能和應用範圍。

創建一個Applet的畫面，只要點擊If This旁的Add，即會跳出可以相當多可串接的平臺、軟體，你可以自行選擇！

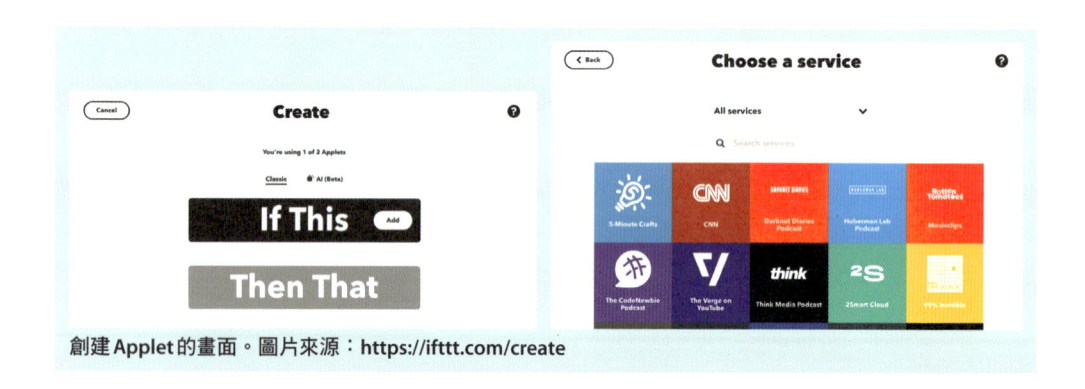

創建Applet的畫面。圖片來源：https://ifttt.com/create

舉例來說，當我在Google Blogger平臺發表了一篇新的部落格文章時，如果想要讓IFTTT自動幫我在我的Facebook粉絲專頁發表一篇貼文，那麼，這該怎麼做呢？

請你參考以下的操作流程。

首先，要授權IFTTT可以連結到我的Google Blogger，並選擇具體要連結我的哪一個部落格？

設定好Google Blogger的部分之後，就可以繼續往下（Then That）設定有關Facebook粉絲專頁的權限的部分。

同樣，我必須要授權IFTTT有權限連結我的Facebook粉絲專頁，並從中選擇要連結哪一個粉絲專頁？並在Message欄中填入粉絲專頁貼文的內容。

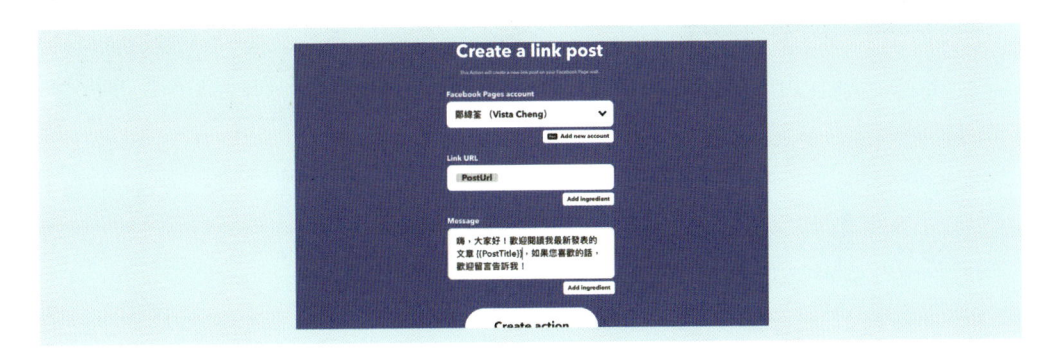

設定完成後即會出現如下這張圖，只需按下畫面下方的「Continue」按鈕，最後再次檢查與確認我的設定是否正確？如果無誤的話，只要按下畫面下方的「Finish」按鈕，就大功告成囉！

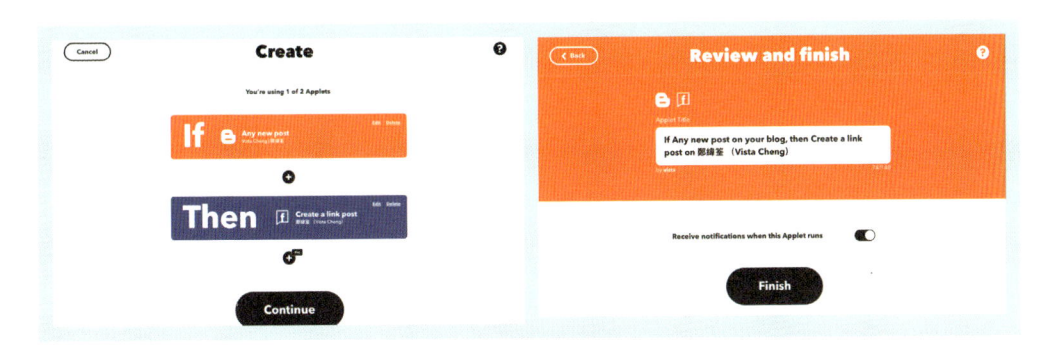

為了測試我的設置是否正確無誤，我特地在我的部落格發表一篇文章。接下來，讓我們切換到Facebook的「鄭緯筌（Vista Cheng）」粉絲專頁來瞧瞧！看看IFTTT是否有自動幫我張貼發文訊息了呢？

圖片來源：https://www.vistacheng.com/2024/01/brand-storytelling.html，
https://www.facebook.com/vista.tw

　　哇，果然大功告成！你看，這是不是很簡單呢？完全不用寫一行程式，就可以完成自動化流程了呢！

　　整體而言，IFTTT堪稱是一個強大的網路自動化工具，對於希望簡化生活和提高工作效率的使用者來說，是一個非常有價值的資源。無論對企業或個人使用者來說，都可以透過IFTTT來實現各種自動化的需求，進而釋放製造力和生產力。

資料庫和專案管理工具

　　對一般職場人士來說，資料庫和專案管理工具應該也不陌生，可以說是日常生活中時常需要接觸的軟體。

　　以資料庫工具來說，主要是用於儲存、檢索、管理和分析數據的軟體應用程式。它們使用資料庫管理系統（Database Management System, DBMS）來有效地組織和維護數據。資料庫可以儲存各種類型的資訊，例如：文本、

數字、圖片和影片等,並支持複雜的查詢、分析和報告。

以下簡短介紹資料庫工具的用途、功能和價值。

用途

1. **資料儲存**:儲存各種類型的數據資料,例如:文本、數字、圖片和影片等。
2. **資料檢索**:快速檢索和訪問儲存的數據資料。
3. **資料分析**:進行數據資料的處理和分析,以支持企業的決策制定。
4. **數據報告**:生成數據報告,以提供業務洞察。

功能

1. **資料輸入和修改**:輸入新數據和修改現有的數據資料。
2. **資料整理**:針對數據資料進行分類、排序和過濾。
3. **權限控制**:管控對數據資料的訪問權限。
4. **備份和還原**:針對數據資料的定期備份和還原。

價值

1. **資料整合**:集中管理所有的數據資料。
2. **提高準確性**:減少人為錯誤,提高數據資料的準確性。
3. **提高效率**:快速檢索和處理數據資料。
4. **支援決策**:提供以數據驅動的決策支持。

至於專案管理工具,這是一種軟體應用,旨在協助計畫、組織、管理和完成專案。這些工具提供了任務分配、進度追蹤、資源分配、時間管理和溝通協作等功能,幫助專案經理和團隊成員得以保持專案進度和預算的控制,並確保達成專案目標。

關於專案管理工具的用途、功能和價值，分別介紹如下。

用途
1. **任務管理**：組織和分配專案任務。
2. **進度追蹤**：追蹤專案進度和期限。
3. **資源管理**：管理專案資源，例如：預算和人力配置。
4. **溝通協作**：促進團隊成員之間的溝通和協作。

功能
1. **任務分配**：分配任務給團隊成員。
2. **進度監控**：監控任務和里程碑的完成情況。
3. **文件管理**：管理與專案相關的文件和檔案。
4. **報告和分析**：提供專案報告和進度分析。

價值
1. **提高透明度**：讓所有團隊成員了解專案進度。
2. **提高生產力**：透過有效的任務和資源管理提高團隊生產力。
3. **減少溝通障礙**：提供一個集中的溝通平臺。
4. **避免專案超支**：透過預算和資源管理來管控專案成本。

為了方便理解，我為你整理一個有關資料庫工具和專案管理工具的表格：

類型	項目	說明	價值
資料庫工具	資料儲存	儲存多種類型的數據資料	資料整合
	資料檢索	快速訪問和檢索數據資料	提高準確性
	資料分析	處理和分析數據	提高效率
	數據報告	生成數據報告	支援決策
專案管理工具	任務管理	組織和分配專案任務	提高透明度
	進度追蹤	追蹤專案進度和期限	提高生產力
	資源管理	管理專案資源	避免專案超支
	溝通協作	促進團隊成員間的溝通和協作	減少溝通障礙

　　當你預備使用 No code 或 Low code 工具、平臺來設計資料庫工具或專案管理工具時，有幾個重要的注意事項和考量點必須留意。

　　以下，讓我來針對這些考量進行詳細說明：

1. 明確需求和目標

- 請清楚地定義你希望透過資料庫或專案管理工具達成的具體目標和需求。

2. 選擇合適的工具

- 根據你的需求選擇適合的 No code 或 Low code 工具、平臺，考慮其功能、靈活性和使用易度。

3. 使用體驗設計
- 確保設計的介面直觀易用，以提升使用者的使用體驗。

4. 數據結構和整合
- 考慮數據結構的設計，確保數據能夠被有效地儲存、檢索和整合。

5. 安全性和隱私
- 確保所設計的系統能夠保護數據安全，並符合相關隱私法規。

6. 可擴展性和靈活性
- 考慮未來業務的擴展，選擇可以輕鬆修改和擴展的工具、平臺。

7. 測試和回饋
- 在推出前進行充分測試，並根據使用者的意見回饋進行調整。

8. 文件和支援
- 提供清晰易懂的使用說明文件，並確保使用者在使用過程中能夠獲得必要的支援。

有關資料庫工具或專案管理工具的搭建，坊間其實有相當多的選擇。以下是一些我認為比較合適的 No code 或 Low code 工具、平臺，提供給你做參考。

1. **Airtable**：結合了資料庫和電子表格的功能，非常適合數據管理和輕量級專案管理。
2. **Trello**：基於看板方法的專案管理工具，適合任務管理和進度追蹤。
3. **Asana**：強大的專案管理工具，適合複雜專案的協作和規畫。
4. **Monday.com**：提供靈活的專案管理和團隊協作平臺。
5. **Zoho Creator**：用於創建客製化應用程式的 Low code 平臺，包括資料庫管理功能。
6. **Notion**：多功能的 All in one 工作空間，除了可以寫筆記，還可以用來

作為資料庫、專案管理工具等。

以上所提到的這些工具功能相當強大，也具有靈活性和易用性等特性。即便是非技術背景的使用者，同樣能夠快速上手，可以有效地管理數據資料和各項專案，而無需事先具備程式設計的相關知識。

如果從以上六款工具中擇一介紹的話，我會推薦你嘗試使用Notion。我知道一說到Notion，可能有些讀者朋友的腦海裡馬上會浮現一個問題：「Notion不是一套筆記軟體嗎？它也能拿來做資料庫或專案管理的工具嗎？」

沒錯，Notion的確是一個All in one的強大軟體、平臺，但是它的用途可不只局限於筆記哦！

根據維基百科的介紹，Notion是一款整合了筆記、知識庫、資料表格、看板、日曆等多種能力於一體的應用程式，它支援個人使用者單獨使用，也可以與他人進行跨平臺協同運作。根據維基百科的紀錄，截至2021年10月，Notion估值來到103億美元。另外根據《富比士》的估計，Notion目前有一億名用戶。2023年盈收達2.5億美元，並有分布在美國、愛爾蘭、印度、南韓與日本等國的650名員工。*

Notion於2013年由華裔的Ivan Zhao和Simon Last所創立。它起初被設計為一個提供極致靈活性的工作和知識管理工具。Notion最初專注於提供一個結合筆記和文檔管理的平臺。其獨特的操作介面和功能，吸引了許多早期用戶的注意。

隨著時間的推移，Notion逐步增加了資料庫、看板、日曆等功能，成為一個全面的工作和知識管理工具。

*資料來源：https://zh.wikipedia.org/zh-tw/Notion 和 https://www.forbes.com/sites/kenrickcai/2024/04/11/10-billion-productivity-startup-notion-wants-to-build-your-ai-everything-app/

第二章
No code 與 Low code 工具、平臺介紹

Notion 獲得全球眾多使用者的青睞，從針對個人用戶到小型團隊，再到企業級應用，Notion 的用戶群體逐漸擴大，也獲得資金奧援和投資市場的認可。回顧 Notion 的發展史，該公司走過篳路藍縷的階段，後來在其發展過程中獲得了重要的風險投資，並逐漸成為市場上公認的領先生產力工具之一。

Notion 的首頁。
圖片來源：https://www.notion.so/

有關 Notion 的功能，跟各位介紹如下：

1. 筆記和文件
- 使用者可以創建和編輯筆記、文件，支持豐富的格式選項。

2. 任務和專案管理
- 提供看板、列表、日曆等多種視圖來管理任務和專案。

3. 資料庫管理
- 用戶可以創建表格、看板、清單和日曆等自行定義的資料庫。

4. 模板系統
- 提供豐富的模板，可用於快速搭建筆記系統、任務管理、專案等功能。

5. 協作功能
- 支持多人協作，包括共享文件、即時編輯和評論。

6. 整合和自動化
- 可以與其他應用程式整合，並支持一些自動化功能。

此外，Notion的功能相當強大，其特點如下：

1. 靈活性和自行定義
- Notion的操作介面相當靈活，可以自行定義與修改，使用者可以根據個人或團隊的需求來設計工作空間。

2. 簡潔的使用介面
- 介面設計簡潔，使用直觀，適合各類的使用者。

3. 多功能一體化
- 將筆記、任務管理、資料庫和其他多種功能整合在一個平臺上。

4. 跨平臺使用
- 支持Web、桌面版軟體和行動App，實現無縫跨平臺使用。

5. 適用於個人和團隊
- 既適用於個人的知識管理和生產力提升，也適用於企業或團隊的協作和專案管理。

整體而言，Notion作為一個多功能的工作管理工具，其靈活性和高度可自行定義的特點，使其成為市場上獨特且受歡迎的生產力工具。無論是個人用戶還是團隊，都可以透過Notion有效地整合和管理工作中的各種資訊和任務。

接下來，讓我以實際案例來跟你分享，如何透過Notion來打造一個資料庫。

這些年來，我時常應邀到許多企業、公部門和大學院校去講授有關文案寫作、數位行銷與AI應用的課程、講座，因此常有許多學員會跟我討論有關寫作、行銷等相關議題。好比我時常會被問到一個問題：「老師，請問你都是如何尋找寫作的靈感？」

有鑑於大家的問題可能都有相通性，於是我就興起想要打造一個寫作靈

感資料庫的念頭。思來想去，覺得使用 Notion 來搭建系統，可能是最簡便的方式！

首先，我在腦海裡構思，如果要打造「Vista 寫作靈感資料庫」的話，那麼應該要有哪些單元跟內容呢？於是，我便運用便利貼來幫忙發想。每想到一個點子，我就把想法寫在便利貼上頭，等我集滿了一個鞋盒的便利貼之後，再分門別類地把它們都貼在牆壁上。

接下來，我開始針對不同的主題、單元進行規畫。我把類似的點子放在一起，慢慢地就能勾勒出「Vista 寫作靈感資料庫」的大致雛形了。好比我把寫作資料庫畫分為三大單元，分別是：寫作指南、寫作基本功以及寫作資源。

規畫出三大單元之後，我再根據不同的主題分別展開。很快地，「Vista 寫作靈感資料庫」就有了一個基本的輪廓，如下所示：

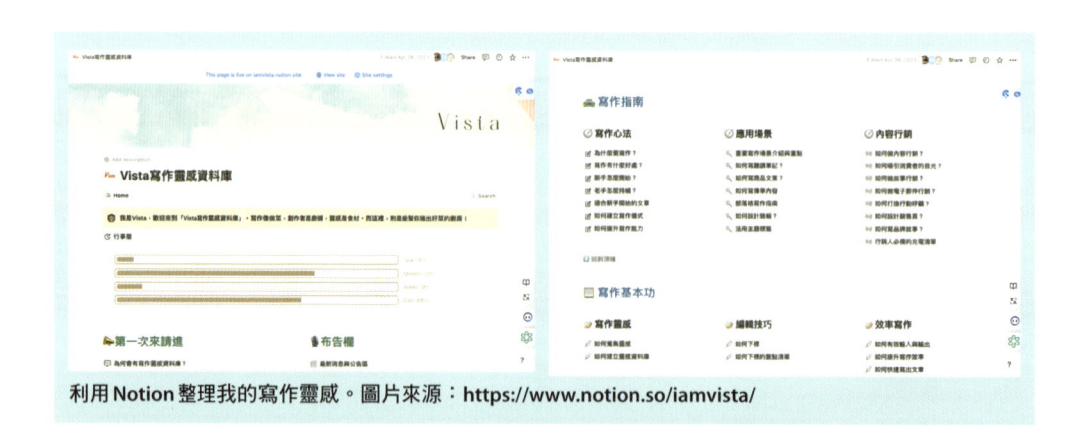

利用 Notion 整理我的寫作靈感。圖片來源：https://www.notion.so/iamvista/

當我的資料庫有了大致的架構之後，就可以逐一開始填入內容。好比我在「寫作指南」這個大項之下的「應用場景」子項中，就整理了一篇「如何寫聽講筆記？」的文章。

當「Vista寫作靈感資料庫」大功告成之後，我的學員或粉絲便能按圖索驥，找到相關的寫作學習資源了。

我們除了可以運用Notion來寫筆記和做資料庫，當然也可以用它來進行專案管理。舉例來說，如果你把自己當成一家公司來經營的話，那麼就可以使用Notion來管理日常生活的作息與工作的待辦事項。

有一位名為Ami的女性網友，目前正在從事文創創業。她就在網路上免費公開自己設計的Notion模板，協助大家在2024年用Notion來打造自我管理系統。

如果你有興趣的話，歡迎透過以下這個網址來觀賞教學影片，以及取得Ami所提供的免費Notion模板。

圖片來源：https://www.youtube.com/watch?v=Yq3gaXm_uDA

對了，除了運用Notion來搭建資料庫跟專案管理的工具，也可以把自己在Notion中所設計的頁面發布為網頁格式唷！舉例來說，我曾經為之前出版

的拙作《文案力就是你的鈔能力》設計了一個讀者的專屬頁面。類似這樣一頁式的網頁，除了可以使用我先前介紹的 Wix、Weebly 或 Strikingly 等平臺、工具來搭建，其實也可以使用 Notion。

如果你有興趣的話，可以參考我之前設計的網頁。

我用 Notion 設計的網頁。
圖片來源：https://iamvista.notion.site/iamvista/823dd5d26e19444c8bba0a6d5945b1a9

Key Points

1. **No code 和 Low code 工具、平臺的興起**：這些工具和平臺使得無技術背景的人士能夠設計和開發數位解決方案，顛覆了傳統的軟體開發模式，尤其對中小企業和新創公司意味著巨大機遇。
2. **不僅是技術的簡化**：這一趨勢代表了創新方法的根本性轉變，使得大企業、中小企業或自由工作者都能實現自動化和數據分析。
3. **網站建設工具的重要性**：從打造品牌形象到從事電子商務等，網站對於企業和個人都具有重要的價值。即使沒有程式設計的相關知識，任何人都可以透過這些工具來建置美觀又專業的網站。
4. **自動化工具的廣泛應用**：自動化工具得以幫助簡化重複性任務，提高效率和準確性，適用於多種場景如電子郵件行銷、社群媒體管理等。
5. **資料庫和專案管理工具的價值**：這些工具協助有效組織和分析數據，以及管理專案進度和資源，對提高工作效率至關重要。
6. **Wix 的實際應用**：作為一個受歡迎的網站建設平臺，Wix 提供了豐富的模板和高度客製化選項，並分析了其優缺點。
7. **IFTTT 的實際應用**：IFTTT 是一個簡單的自動化平臺，能夠整合不同網路服務，使非技術背景的人也能輕鬆完成自動化流程部署。
8. **Notion 的實際應用**：Notion 不僅是筆記軟體，還可以作為資料庫和專案管理工具等用途，具有高度靈活性和自行定義的能力。

第三章
No code 與 Low code 工具、平臺實際案例

在這一章中，我們不僅會深入了解這些工具的功能、特色和操作方式，更希望透過真實的故事或案例，來讓你感受它們在日常生活中的魔力。充分利用 No code 或 Low code 工具、平臺，就能幫助我們在工作和生活中找到新的可能性和機遇。

建立個人部落格或網站

說到個人部落格（Blog）或網站（Website），相信你一定不陌生！平常，也可能看過很多專家、學者或者名人的網站。建立個人部落格或網站的重要性不言而喻，主要可以從以下幾個方面來理解：

個人品牌建立
- **展現專業與才華**：個人部落格或網站，可以說是展現個人專業知識、興趣愛好或創意作品的理想平臺。對於自由工作者、藝術家、作家或顧問等專業人士來說，這是建立個人品牌和專業形象的重要途徑。
- **提升可見度**：在網際網路上擁有自己的空間，可以提高個人在潛在雇主、客戶或同行中的能見度，也有助於打造個人品牌。

網路行銷與交流
- **直接與目標客群溝通**：透過個人部落格或網站，可以讓你直接與讀

者、客戶或粉絲、追隨者溝通，建立更緊密的關係。
- **內容行銷工具**：對於想要推銷產品或服務的個人或企業來說，部落格或網站都是展示專業知識、分享有價值內容的有效工具。

自我表達與分享

- **分享知識與經驗**：部落格或網站是一個自媒體，得以讓你分享自己的知識、經驗、見解或故事的內容平臺，有助於與他人建立共鳴。
- **創意自由**：你可以自由地決定內容和設計，表達個人風格和創意。

整體而言，無論是基於打造個人品牌、行銷推廣、自我表達還是專業展示的目的，建立個人部落格或網站都是一個有效的策略。

坊間可以用來建構個人部落格或網站的工具、平臺相當多，像是我在第二章所介紹過的 Wix、Weebly 和 Strikingly，或是 Google Blogger 等，你可以根據自己的需求和預算來選擇。

在此，我想向你介紹另一套開放原始碼的工具 WordPress，它同時也是目前全球最多人所使用的架站軟體。根據國外的統計，全球有超過 43% 的網站都採用這套系統，可以說是相當受到歡迎！

WordPress（http://www.wordpress.org）是一個開放原始碼的內容管理系統（CMS），被廣泛用於建立各類網站，尤其是個人部落格。它於 2003 年推出，自那個時候開始，它就已成為世界上最受歡迎的網站建設平臺之一。WordPress 有著美觀的設計、強大的功能，可不受限制地用於建置任何形式的網站，並且同時兼具自由、彈性與高度客製化等多元特質。

請注意，WordPress 另有提供付費版的網站、部落格架站服務。你若有興趣的話，可以造訪 https://www.wordpress.com 了解詳情。

WordPress 的首頁。
圖片來源：https://tw.wordpress.org

WordPress的核心特點，詳列如下：

1. **開源軟體**：WordPress是一款開放原始碼軟體，它允許使用者自由使用、修改、構建和分享軟體本身，給予了極高的靈活性和自訂性。
2. **外掛系統**：擁有數以萬計的外掛程式（或稱插件，Plugin），使用者可以根據需求增加各種功能，例如：SEO優化、社群媒體整合、購物或金流等功能。
3. **布景選擇豐富**：提供豐富多樣的布景主題選擇，使用者可以輕鬆更改網站的設計和布局，無需編寫程式代碼。
4. **使用者友好的介面**：即使是非技術背景的使用者也很容易上手，提供可視化的編輯器來管理內容。
5. **強大的社群支援**：擁有龐大的開發者和使用者社群，提供大量的教學資訊、論壇和專業支援。
6. **SEO友好**：良好的搜尋引擎優化（SEO）基礎，有助於提升網站在Google等搜尋引擎中的排名。
7. **多國語言支援**：支援多國語言，適合來自全球各地的使用者使用。

你也許會想知道，為何WordPress，適合用來打造個人部落格或網站呢？

1. **易於管理**：WordPress的管理介面簡單明瞭，只要登入後臺即可進行管理，無論是發布內容、管理頁面和媒體資源，都變得相當簡單。
2. **自訂性強**：無論是選用布景主題、外掛程式還是進行小範圍的程式撰寫，WordPress都提供廣泛的自訂選項，允許使用者按照自己的需求來創建獨一無二的網站。
3. **成本效益**：雖然需要購買網域名稱和租賃主機服務，但相對於其他平臺來說，WordPress的開銷與總體成本顯得更低廉，且有許多的免費資源可以運用。
4. **內容發布與管理**：WordPress最為人稱頌的是它強大的內容管理功能，特別適合擁有創意的內容創作者和部落客。
5. **靈活的擴展性**：隨著你的個人部落格或網站的日漸成長，WordPress可以透過安裝外掛程式和更改布景主題的方式來升級或擴展其功能，不用擔心部落格或網站被時代所淘汰。
6. **社群和支援**：WordPress擁有一個全球龐大的使用者和開發者社群，提供大量的學習資源、外掛程式、主題布景和技術支援。
7. **獨立控制**：你可以按照自己的需求選購自行託管的架站解決方案，換句話說，你能夠完全掌控自己的網站、內容資料與數據，不受第三方平臺限制。

整體而言，WordPress提供了一個功能豐富、高度可自訂且易於管理的後臺，非常適合那些想要完全控制自己網站和部落格的創作者和中、小企業。無論是從構建、設計、功能擴展，到SEO和社群支援，WordPress都提供了強大的工具和資源，使其成為你建立個人部落格或網站的理想選擇。

接下來，就讓我以自己的個人網站（https://www.vista.tw以及應用套件Elementor來設計的https://www.content.tw網站）來為你做介紹。

近年來，我在許多公部門、企業與大學院校講授有關文案寫作、內容行銷的課程，目前的學員人數已經超過數萬人之譜。也因為招生的相關需求，我必須建構一個讓大家可以方便查詢我的專業服務與動態的網站，同時又要結合部落格與商品資訊的功能。幾經評估之後，我便選擇使用WordPress來架設網站。

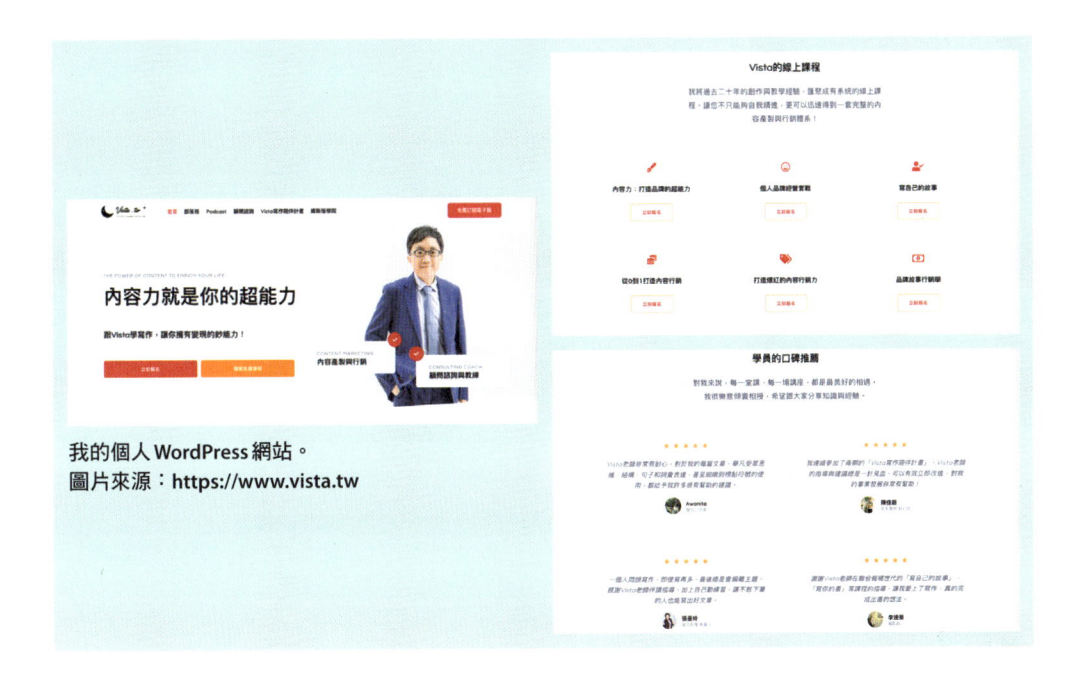

我的個人WordPress網站。
圖片來源：https://www.vista.tw

除了網站首頁的設置之外，我還特別針對「Vista寫作陪伴計畫」這項專業付費服務來設計專屬的頁面，同時讓一群對於精進寫作技巧感興趣的潛在客戶可以參考。

第三章
No code 與 Low code 工具、平臺實際案例

「Vista 寫作陪伴計畫」服務頁面。圖片來源：https://www.vista.tw/writing-companion/

　　透過 WordPress 來架設網站，其實非常簡單唷！你只要事先租好主機和購買網域名稱，即可按照 WordPress 官方教學文件或坊間的書籍、教學影片按圖索驥，就可以在短短幾天之內打造自己的個人網站或部落格。WordPress 的管理和營運相當人性化，只需登入後臺的控制臺，便可開始編輯文章或頁面。當然，你也可以按照自己的需求（好比針對 SEO 強化）來安裝外掛程式和布景主題。

WordPress 後臺提供靈活的各種控制和外掛功能。
圖片來源：https://www.vista.tw/wp-admin/update-core.php

此外，我也運用了Elementor套件打造另一個網站「內容進行式」（https://www.content.tw）。

先介紹一下Elementor公司（https://elementor.com），它是一家以色列的軟體開發公司，以針對WordPress網站所提供的頁面編輯器而享譽國際。透過Elementor網站，WordPress使用者可以輕鬆使用拖曳的方式創建和編輯網站。Elementor有二個版本，分別是免費版以及名為Elementor Pro的高級版。

顧名思義，「內容進行式」是一個專門分享有關內容產製與行銷等資訊和教學資源的網站。所以，我只需要事先規畫好網站的架構和主題單元，並且勾勒出大概的版型之後，便可以用拖曳的方式，將相關的元件拉到網頁上。換句話說，即便不懂得程式，也很快可以上手！

在Elementor套元（左側）挑選版型後，就可以以拖曳的方式來設計網站了。
圖片來源：https://www.content.tw/wp-admin/post.php?post=7&action=elementor

目前，坊間有很多類似的解決方案，你只要使用諸如Beaver Builder、Brizy、Divi Builder或Elementor等頁面編輯器，就可以輕鬆地在WordPress的基礎上建構美觀又大方的網頁。

在大多數情況下安裝WordPress是一件很簡單的事情，並且花不到5分鐘就可以搞定。更何況，現今有許多虛擬主機商都有提供自動安裝WordPress的工具，所以不用太擔心！

如果你想親自安裝WordPress的話，事先花一點時間參考官網的安裝指南（https://codex.wordpress.org/zh-tw:安裝WordPress），將會大有幫助的。除此之外，我也可以推薦一些WordPress的教學資源給你參考。

第一個是WordPress的官方網站（https://tw.wordpress.org/support/），我建議所有想要安裝WordPress的朋友都應該花一點時間瀏覽這個網站。上頭有很多關於安裝軟體的說明，或是針對疑難雜症的教學說明，另外也有針對布景主題與模板、外掛等話題提供詳盡的說明與討論。

WordPress上的教學說明。
圖片來源：https://tw.wordpress.org/support/

第二個向你推薦的教學資源是「網站帶路姬」（https://wpointer.com），這是由我的好友Erin Lin一手打造的WordPress教學網站。她自稱是一位不懂程式、但有21年UI設計經驗的網站設計師。透過「網站帶路姬」這個網站，她將帶著不懂程式的你，花最少的時間、花最少的錢，即可輕鬆入門做好第一個讓人耳目一新的WordPress網站。

Erin Lin老師也在2023年出版了她的著作《用WordPress打造賺錢副業》，她在這本書中導入知名課程「WordPress免費架站入門課程・五天自學衝刺班」的精髓，以詳細文字解說，搭配實際操作影片閱讀。任何有興趣學習WordPress架站的朋友，只要跟著書中的步驟循序漸進，就可以很快從無到有，建立起個人的專屬網站囉！

如果你有興趣想要跟著Erin Lin老師的腳步學習WordPress，可以參考她

的網站跟書籍，上頭不但提供了完整、專業的架站技巧，也用淺顯易懂的方式跟大家說明WordPress的架構與核心概念。她不但精闢點出主機、網域的使用建議，也透過實際案例分析布景主題與外掛設定。更棒的是網站帶路姬大方分享自身經驗如何提高SEO，並創造收入。

「網站帶路姬」網頁。
圖片來源：https://wpointer.com

先前，我也曾邀請Erin Lin老師來上我的《Vista的小聲音》Podcast節目。她在節目中大方跟聽眾朋友分享WordPress的優點、特色，以及如何透過WordPress架站來打造個人品牌。如果你感興趣的話，也歡迎收聽（https://www.youtube.com/watch?v=T-4wqA32pdY）。

第三個想向你推薦的是「網站迷谷」（https://wp-valley.com）這個免費的WordPress教學社群，是由來自香港的臉書好友Mack Chan所經營。他擁有15年以上的網站設計經驗，同時經營WordPress教學社團（https://www.facebook.com/groups/wp.valley）已超過3年的時間了。

最近，Mack花了數個月的時間，相當用心地企畫、製作了「小樹苗成長課程」。透過這一系列的免費自學架站課程和教學，可以幫助你用最少的時間和成本，在極短的時間就能完成一個部落格或形象網站。根據Mack的說法，你只需要耐心地跟著他的步驟來學習，任何人都可以擁有自己滿意的小天地！

Mack 的「網站迷谷」WordPress 教學社群。
圖片來源：https://wp-valley.com/wordpress-little-sapling-growth-course

對了，如果你看完本書，也決定採用 WordPress 搭建自己的網站或部落格，歡迎與我分享唷！

自動化個人任務或提醒系統

在當代節奏明快的生活和工作環境中，建立一套有效的自動化個人任務或提醒系統變得至關重要。以下，是幾個顯而易見的理由：

提高效率和生產力
- **減少重複性工作**：透過自動化任務或提醒系統，可以幫助你減少耗時的重複性工作，如定期發送報告、管理電子郵件等。
- **優化時間管理**：透過自動提醒和排程規畫，能夠有效地分配時間於更重要或創造性的任務上。

改善組織和規畫能力
- **更好地追蹤任務**：透過自動化個人任務或提醒系統的協助，能夠為你協助追蹤任務的進度，確保所有事項都按照計畫來進行。
- **防止遺忘**：生活中繁多的細節很容易被遺忘，自動提醒系統確保重要的事情不會被忽略。

減少壓力和增進生活品質

- **減輕心理負擔**：將任務管理和提醒外包給自動化系統，可以減輕你的個人記憶負擔和心理壓力。
- **改善生活平衡**：有效的時間和任務管理，有助於達成工作與生活的平衡。

建立自動化的個人任務或提醒系統可以顯著提高個人的工作效率和生活品質。身為忙碌的職場人士，我很清楚你每天往往不是被鬧鐘所叫醒，而是被夢想與責任所喚醒，因此自律生活顯得相當重要。接下來，我為你介紹如何運用Zapier這套No code工具來打造一個提醒系統。

Zapier公司是由Wade Foster、Bryan Helmig和Mike Knoop這三位專業人士在2011年所成立。他們的創業初衷很簡單，當初他們意識到市場上缺乏一種簡單的方式來連接和自動化不同的網絡服務，於是創建了Zapier。

自成立以來，Zapier快速成長，吸引了廣泛的客戶群，包括小型企業、自由工作者及大型企業。Zapier持續擴大其支持的應用程式列表，從最初的幾十個增加到了數千個，覆蓋了從任務管理到文件儲存等多個領域。

就目前狀態來看，Zapier現在堪稱業界領先的自動化平臺之一，以其使用友好和強大的自動化能力而聞名。

Zapier的優點，如下：

1. **易用性**：Zapier提供了一個直觀的使用介面，使得無代碼自動化的境界能夠唾手可得。
2. **廣泛的應用整合**：支援與二千多個應用程式的連接，包括常用的郵件、社群媒體、雲端儲存和企業管理工具。
3. **靈活性**：使用者可以創建稱為「Zaps」的自行定義工作流程，根據個人或業務需求進行客製化。

4. **提升效率**：透過自動化繁瑣和重複性的任務，節省時間和資源。

Zapier的特性，如下：

1. **觸發器（Triggers）和動作（Actions）**：觸發器啟動一個工作流程，動作是工作流程的結果。例如，收到新郵件（觸發器）可以自動發送提醒（動作）。
2. **多步驟工作流程**：使用者可以設計包含多個步驟的複雜工作流程。
3. **智慧過濾**：Zaps可以設置條件，只在特定情況下運行。
4. **定時功能**：使用者可以自行設定Zaps在特定時間運行。
5. **網路安全和數據保護**：Zapier重視使用者的數據安全和個人隱私。

總結來說，Zapier透過其易用性、強大的整合能力和靈活的自動化選項，成為了提升個人和企業工作效率的重要工具。無論是對於技術新手還是經驗豐富的專業人士來說，Zapier都提供了一個高效且可客製化的解決方案，簡化和自動化日常工作流程。

接下來，讓我透過實際操作，來跟你分享如何透過Zapier打造一個簡單的提醒系統。

其實我的需求並不複雜，就是每天早上當鬧鐘響起時，Zapier能夠自動發送一封郵件給我，提醒自己要打開行事曆，看看有哪些重要的待辦事項？

Zapier的操作流程很簡單，相關的操作步驟如下：

步驟1：創建一個Zapier帳號

・造訪Zapier網站並註冊或登錄。

步驟2：創建一個新的Zap（自動化流程）

・在Zapier的後臺儀表板上，選擇「Make a Zap」。

步驟3：設定觸發器（Trigger）
- 選擇觸發器應用：例如，選擇「Clockify」作為觸發器，以在特定時間（如每天早上7:00）觸發提醒。
- 設定觸發器細節：根據需要設定具體的觸發條件，如選擇特定日曆或設定時間。

步驟4：設定動作（Action）
- 選擇動作應用：選擇執行動作的應用，如「Slack」、「Email」或「SMS」。
- 設定動作細節：配置動作的具體細節，好比發送包含當天任務清單的消息。

步驟5：測試和啟動
- 測試你創建的Zap以確保它能夠按預期工作，然後啟動它。

對了！有件事情特別值得一提，現在Zapier已經導入了AI功能囉！所以，你不用擔心不會下指令，或是不擅長書寫英文。你只要用中文清楚地表達自己的需求，系統便可協助你來設定新的Zap（自動化流程）。

由於Zapier已導入AI功能，只需用中文告訴它你的需求，系統便會自動協助你設定。
圖片來源：https://zapier.com/app/dashboard

看完以上的步驟，相信你心中對於設定的流程有了初步的了解，接著我們就來看看操作的畫面。

第三章
No code 與 Low code 工具、平臺實際案例

上方的例子是我希望每天早上,能夠自動收到一封信件通知,提醒自己檢視行事曆,並且處理重要的待辦事項。那麼,我應該怎麼做呢?

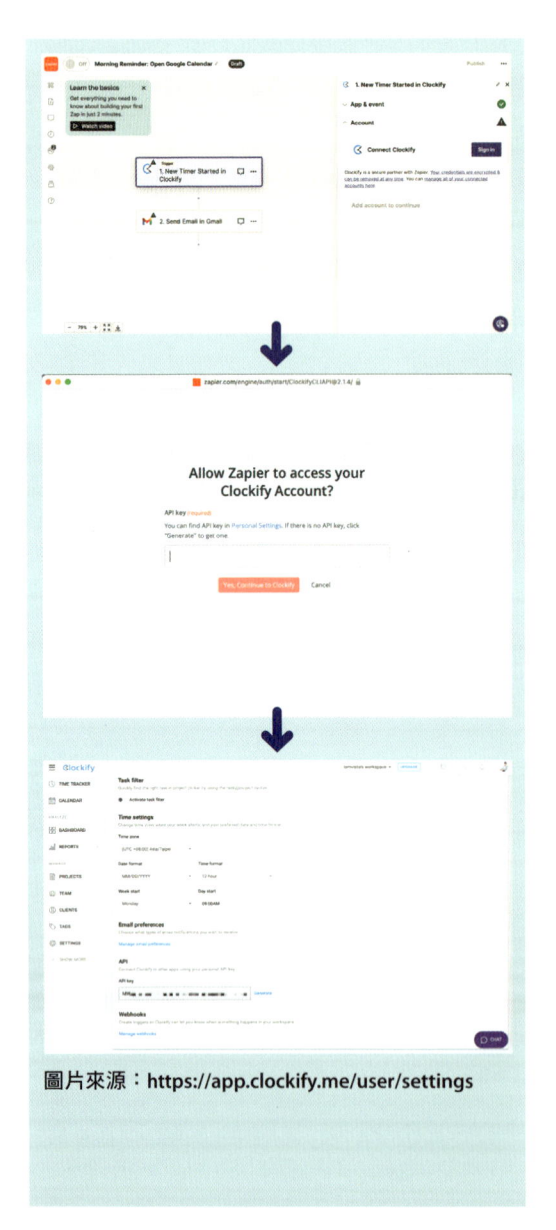

在 Zapier 裡頭,只要經過兩個步驟的設定即可。首先,聯通並整合 Clockify(https://clockify.me)這個鬧鐘提醒軟體,然後設定自動發信到 Gmail 給我自己就好了!

為了要跟 Clockify 進行整合,Zapier 會要求使用者提供一組 API key。

圖片來源:https://app.clockify.me/user/settings

嗯，這個程序倒也不難，只要你事先到Clockify註冊一個免費帳號，登入系統，並且在後臺的設定中產生一組專屬的API key就可以了。

接下來，讓我們繼續回到Zapier的後臺，打開儀表板繼續相關的設定。花不到五分鐘，我就設定好這個簡單的提醒系統。

為了確認提醒系統設定無誤，我還透過Zapier發送測試信。果然不到半分鐘的時候，我就在自己的Gmail信箱裡面，收到了提醒信件囉！

透過以上的示範，你應該不難理解Zapier的操作相當簡便。我們可以運用Zapier來創建一個簡單但功能強大的自動化任務提醒系統。話說回來，Zapier的多功能性和易用性，的確是一個能夠幫助大家實現個人效率自動化的理想工具。

為了更有效率使用Zapier，給你以下的使用提示：

- **進階設定**：你可以進一步探索 Zapier 的高級功能，例如多步驟 Zaps，用於執行更複雜的自動化任務。
- **維護和調整**：定期檢查和調整你的 Zaps，以確保它們仍然符合你的需求。

創建簡單的資料庫追蹤個人專案

建立一個專門用於追蹤個人專案的簡單資料庫，對於提升個人生活和工作的管理效率至關重要。

以下是一些具體的好處：

目標管理與達成

- **明確目標追蹤**：有效地記錄和追蹤個人專案，幫助你掌握進展和完成情況，進而更容易達成目標。
- **動態調整策略**：隨時根據追蹤數據調整策略和計畫，以應對生活與工作場域中的各種變化。

財務透明與管理

- **清晰的財務概況**：一個資料庫可以提供關於個人財務狀況的全面視圖，包括收入、支出、儲蓄和投資。
- **預算規畫與控制**：有助於制定和遵守預算，避免過度支出，並作出更明智的財務決策。

數據組織與分析

- **系統化數據組織**：將重要資訊彙整在一個固定的地方，可以避免散亂和遺漏。

- **深入分析與洞察**：透過縝密的數據分析，可以獲得對個人財務和目標達成的深入洞察。

接下來，我要以自己過去經手的一個實際案例來為你進行解說。

說到Trello（https://trello.com）這個工具，我自己相當喜歡這種看板模式的管理工具。現在，就讓我為你簡單介紹它的發展沿革：

2010年夏天時，Fog Creek Software開始定期舉辦Creek Weeks，在公司內部探索有潛力的產品。2011年1月的時候，他們在一場簡報中提出產品原型，希望能解決某些高層級的規畫問題，該產品名為Trellis。不久之後，該公司便開始全力開發這項產品。測試結束之後，Trello於2011年9月在美國TechCrunch Disrupt正式推出，並同時提供網頁和iPhone版應用程式。

Trello的開發靈感來自於看板方法（Kanban），這是一種源於日本豐田公司的視覺化工作管理工具，旨在提高效率和透明度。

Trello自推出以來，快速增長，吸引了大量的使用族群，包括個人使用者和商業團隊。

2017年，Trello被一家澳大利亞的軟體公司Atlassian（該公司曾開發Jira和Confluence等膾炙人口的數位產品），以4.25億美元的價格收購。Atlassian聲稱，Trello在2017年已擁有超過1900萬使用者，成長速度之快，在在顯示它的潛力無窮。

目前，Trello可說是當今全球最受歡迎的專案管理和協作工具之一，擁有數千萬的註冊會員。

Trello的概念源自於白板跟便利貼的巧妙組合。你可以想像一下，在一個白板上盡情地黏貼不同的便條紙，便條紙代表某項工作專案、流程步驟或事件，左右拖曳便條紙代表事情正進展到某個階段。Trello上的看板（board）就是白板，而清單（list）上面所臚列的卡片（card）就是便條紙。

卡片裡面有許多功能選項，例如：截止日（due date）、標籤（labels）與清單（checklist），協助使用者分類跟追蹤事項。另外，卡片上還可以加入組員，讓與該工作相關的人可以一覽自己的工作進度跟專案，卡片同時也提供留言功能來協助團隊間協作。舉例來說，如果你是這個團隊的負責人或主管，你可以在上面管理整個團隊的日常工作；如果是個人使用，當然也可以在上面管理和記錄日常瑣事。

Trello的優點如下：

1. **直觀的使用介面**：Trello以其視覺化的看板和卡片介面，使得專案管理直觀且易於理解。
2. **靈活性和可擴展性**：適用於各種專案和團隊，無論規模大小。
3. **使用者友好**：易於上手，無需複雜的設置或培訓。
4. **高度可客製化**：使用者可以根據自己的需要自行定義看板，添加標籤、截止日期、附件等。

Trello的特性，如下：

1. **看板和卡片**：使用看板來表示專案或工作流程，卡片則用來表示個別任務或專案。
2. **拖曳功能**：使用者可以輕鬆地透過拖曳來管理任務和專案進度。
3. **整合和自動化**：Trello支持與多種應用程式（例如：Slack、Google Drive、Jira等）的整合，並提供Butler等自動化工具。
4. **協作功能**：支持多名使用者協作，包括任務分配、評論和通知。
5. **可訪問性**：提供網頁版和行動應用，支持多平臺使用。

整體而言，Trello是一款極具靈活性的專案管理工具，它適用於多種職場場景，包括：專案管理、團隊協作、任務追蹤等。它以其直觀的介面和強

大的靈活性在職場管理工具中脫穎而出。它不僅適合個人任務管理，也是團隊協作和項目規畫的理想選擇。Trello的這些特性使其成為管理日常工作和複雜專案的有力工具。

還記得我之前在推廣拙作《文案力就是你的鈔能力》這本書時，便曾應用Trello來管理新書分享會的專案。簡單來說，這個專案的主要任務就是要協助自己跟出版社順利舉辦一場新書分享會。

這場新書分享會看似簡單，其中的細節卻也不少，包括：招募志願者、整理報名清單、準備活動、準備禮物、準備簡報和現場招待等多個環節。

步驟1：創建Trello的帳號和開啟一個新看板
- 訪問Trello網站，註冊或登入你的帳號。
- 在主介面選擇「創建新看板」，為你的專案命名，例如：「文案力新書分享會」。

步驟2：設計看板結構
- 創建列表：為每項專案的不同階段創建一個列表，例如：「前期準備工作」、「活動當天」和「活動結束之後」等。
- 添加卡片：在每個列表中新增具體任務的卡片，例如：在「前期準備工作」列表中添加「招募志願者」和「整理報名者清單」的卡片。

步驟3：分配任務和設定截止日期
- 分配任務：邀請團隊成員加入看板，並將任務卡片分配給相關負責人。
- 設定截止日期：為每個任務設定明確的截止日期。

步驟4：使用功能以提高效率
- 標籤和過濾：使用標籤來標記任務的優先順序或類型，並使用過濾功能來快速查找相關卡片。

- 進度追蹤：使用「檢查清單」來追蹤任務完成情況。
- 添加附件和備註：在卡片中添加任務相關的文件、圖片或重要備註。

步驟5：監控和調整

- 定期審核看板，跟蹤進度，並根據需要進行調整。
- 利用Trello的「看板」或「日曆」視圖來獲得不同的專案視角。

針對舉辦新書分享會這項專案，我先開設「前期準備工作」、「活動當天」和「活動結束之後」等三個列表。然後，陸續往下開展相關的任務。

開設一項專案。
圖片來源：https://trello.com/b/GdhOSn9Z/文案力新書分享會

比方針對「招募志願者」這個環節，我就新增了一張卡片。同時，還針對活動當天的各種細節進行沙盤推演，可參考下圖。

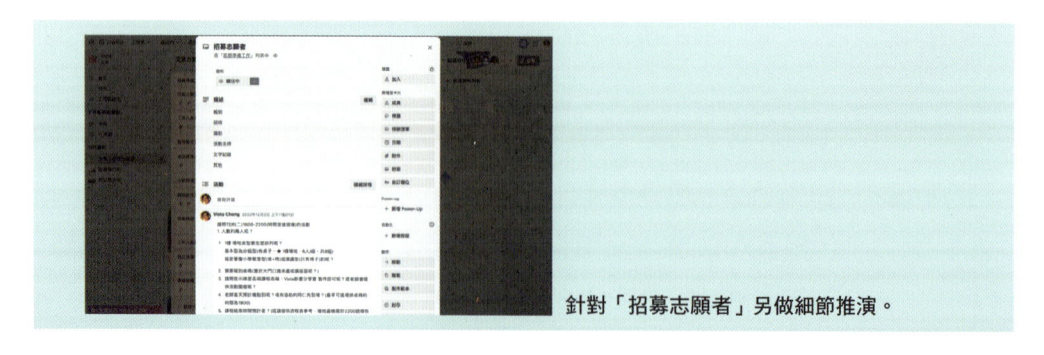

針對「招募志願者」另做細節推演。

另外，我也針對活動當天的流程增設一張專屬卡片，並由負責的夥伴來追蹤相關的進度：

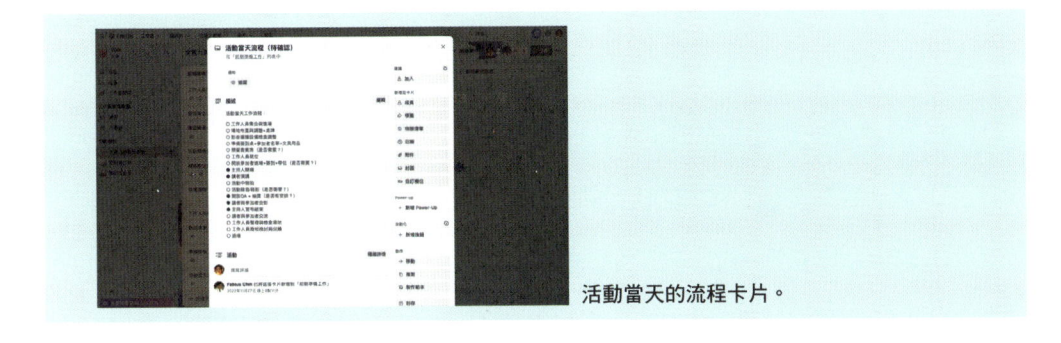

活動當天的流程卡片。

當然，活動的行銷宣傳與事後的檢討、覆盤，同樣也不可少！所以，我也增加一張卡片來專門處理相關的議題。

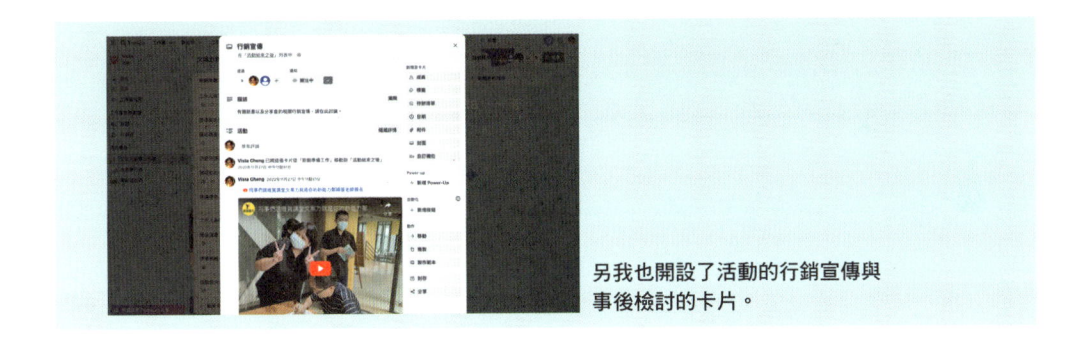

另我也開設了活動的行銷宣傳與事後檢討的卡片。

使用工具來管理個人時間與提升效率

在當今快速變化且任務繁重的環境中,有效地管理時間成為邁向成功的關鍵。倘若你可以充分運用 No code、Low code 工具、平臺,對於提升個人效率也會有具體的幫助:

提高生產力

- **有效分配時間**:透過時間管理的工具、平臺,可以合理規畫每日或每週的工作和休閒時間,便能夠確保重要任務獲得足夠的時間和精力。
- **減少浪費和拖延**:明確的時間安排有助於識別和減少時間浪費,對抗拖延症。

增進組織能力

- **清晰的任務概覽**:透過時間管理工具,可以提供了一個全面的視角來查看所有的任務和截止日期,能讓你更易於組織和規畫任務的優先順序。
- **記錄和追蹤進度**:幫助記錄各項任務的完成情況,並追蹤長期目標的進展。

改善生活品質

- **減少壓力**:有效的時間管理,往往可減少來自最後期限的壓力,讓你更有餘裕,可以提供更多的時間來應對突發事件。
- **平衡工作與生活**:合理安排工作和個人生活,達到更好的生活平衡。

整體而言,使用工具、平臺來優化個人時間與提升效率,不僅可以提升工作效率和生活品質,還有助於減少壓力和提高組織能力。

接下來，我將介紹另一套管理任務的好用軟體Microsoft To Do（https://to-do.office.com/tasks/）。

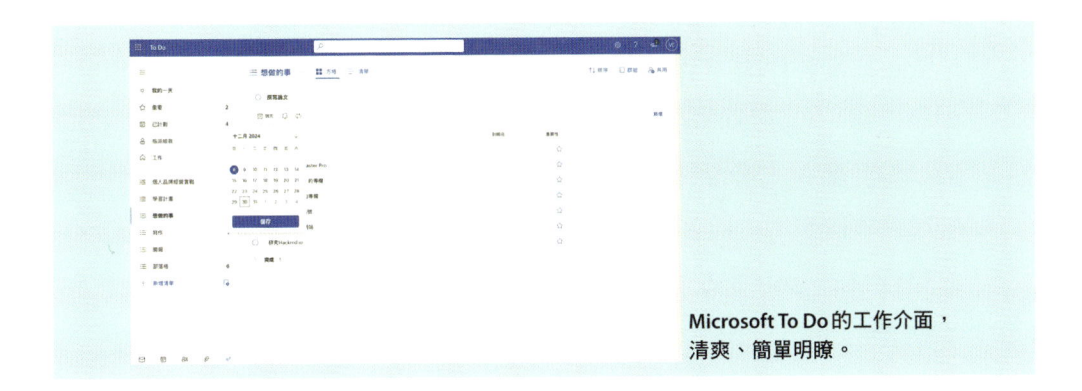

Microsoft To Do的工作介面，清爽、簡單明瞭。

說到Microsoft To Do的起源，也許有些朋友不大熟悉。其實它的前身大有來頭，是這個領域赫赫有名的Wunderlist。Microsoft To Do的發展，得從該公司於2015年收購了一款受歡迎的任務管理應用軟體Wunderlist開始說起。

當初Microsoft公司之所以收購這套軟體，主要的目標是創建一款與其他Office 365產品能夠緊密整合的任務管理工具，並在此過程中吸收Wunderlist的菁華。

回顧Microsoft To Do的發展過程，它在2017年正式推出，旨在提供更為完善和整合的任務管理體驗。自推出以來，Microsoft To Do不斷更新和改進，增加了許多新功能，例如：更好的同步能力、更豐富的任務組織功能等。

如今，Microsoft To Do已然成為Microsoft 365生態系統的一部分，與Outlook、Teams等應用程式緊密整合。該軟體也受到個人使用者和專業團隊的廣泛歡迎，成為日常工作和生活中不可或缺的數位工具。

Microsoft To Do 的功能如下：

1. **任務管理**：使用者可以創建、組織和追蹤任務。
2. **清單分類**：提供對任務進行分類和管理的功能，可創建多個清單。
3. **截止日期和提醒**：為任務設置截止日期和提醒，確保按時完成。
4. **子任務**：允許為更大的任務創建各種細分的子任務。
5. **日常計畫**：「我的一天」功能幫助使用者規畫每天的工作重點。
6. **跨裝置同步**：支持在多個裝置上同步任務，包括智慧型手機和電腦。
7. **整合 Microsoft 365**：與 Outlook、Teams 等 Microsoft 旗下的產品緊密整合。

Microsoft To Do 也有許多顯而易見的優點：

1. **簡潔易用**：直觀的使用介面，使任務管理變得簡單、快捷。
2. **高度客製化**：你可以根據自己的需求客製化任務和清單。
3. **提高效率**：有效地幫助使用者管理時間，提高工作和生活效率。
4. **無縫協作**：與 Microsoft 365 的整合，為使用者提供無縫的協作體驗。
5. **免費使用**：基本功能對所有使用者免費開放。

整體而言，Microsoft To Do 以其簡潔、靈活且功能豐富的特性，成為了個人和專業團隊管理日常任務的理想選擇。透過其整合 Microsoft 生態系統的能力，Microsoft To Do 為使用者提供了一個高效且協同的工作管理環境。

老實說，坊間類似的數位工具、軟體相當多，但是 Microsoft To Do 的簡潔介面和實用的功能令人激賞，使其成為個人時間管理的理想工具。

Microsoft To Do 的歡迎畫面。
圖片來源：https://to-do.live.com/tasks/

Microsoft To Do的使用步驟介紹，如下：

步驟1：設置帳號
- 下載Microsoft To Do應用程式，或造訪其網頁版。
- 使用你的Microsoft帳號登入。

步驟2：創建任務
- 在應用的主介面，點選「新增任務」。
- 輸入任務描述，並點選「添加」。

步驟3：組織任務
- 創建不同的清單來分類任務，例如「工作」、「個人」和「購物」。
- 將任務拖放到相應的清單中。

步驟4：細化任務
- 為任務添加更多細節，如截止日期、提醒、重複週期等。
- 可以添加子任務或備註。

步驟5：追蹤進度
- 完成任務後，點選任務旁的勾選框標記為完成。
- 利用「我的一天」功能來規畫你當天的任務。

步驟6：檢查和調整

- 定期查看和更新你的任務清單，確保所有事項都按照自己的計畫進行。

對於忙碌的專業人士來說，往往需要借助專業軟體來管理工作任務、家庭責任和個人事務。這時，你可運用 Microsoft To Do，創建一個名為「工作」的清單，並添加你的工作相關任務，如「完成報告草稿」或「準備週會議」。

你也可創建另一個名為「個人」的清單，用於管理你的個人事務，例如：「預約牙醫」或「週末聚會規畫」。如果你本身已經成家，也可以創建一個名為「家庭」的清單，例如：「購買雜貨」或「孩子的家長會」。

除此之外，你還可以使用「我的一天」功能，選擇和計畫當日要處理的任務。或是根據工作進度和個人計畫，來調整任務的優先級別和截止日期。

另外，你也可以透過「想做的事」來鳥瞰全局，了解自己的工作計畫與相關進度。

Key Points

1. **建立個人部落格或網站**：即使沒有程式設計技能，同樣也能夠創建具個人風格的網站。
2. **自動化個人任務和提醒系統的重要性**：自動化工具擅長處理各種繁雜的任務，進而提高生活和工作效率，讓你可把最寶貴的精力專注在重要的事務上。
3. **追蹤個人目標或財務的資料庫創建**：讓你可以清楚地掌握個人的收支狀況和相關的目標進展。
4. **優化個人時間管理的策略**：使用No code或Low code工具、平臺來管理時間、提升效率，實現工作與生活的和諧平衡。
5. **WordPress的介紹與應用**：深入分析WordPress作為建立網站和部落格的強大平臺，包括其開源特性、外掛系統和多國語言支援等。
6. **Zapier在自動化提醒系統中的應用**：在郵件提醒等自動化重複性任務上活用Zapier，可享受其易用與強大功能，進而提升工作效率。
7. **使用Microsoft To Do進行日常任務管理**：利用Microsoft To Do來有效管理日常任務和工作計畫，包括設置提醒和截止日期等。

第四章
打造個人品牌網站：
基礎篇

踏入這一章，我們即將攜手步入一段獨特的旅程，一起運用 No code 或 Low code 工具、平臺來打造專屬於你的個人品牌網站。在這個數位繁花盛開的時代，我們每個人都擁有無限的可能性，也必須勇敢地展現自我，進而編織一個屬於自己的精彩故事。

看完前三章，相信你已經對 No code 或 Low code 工具、平臺有了一些基礎的認知，接下來的第四章，將開始進入本書的高潮：這不僅是關於資訊技術的學習，更是一次深入探索自我、凝聚個人魅力的絕佳契機！現在，就讓我陪伴你踏上這段打造可見、可感的數位形象的英雄之路。

在當今這個快速變化的世界中，擁有一個個人品牌網站，就像是在繁忙的都市中擁有一片屬於自己的綠洲。它不僅僅是一個展示專業成就的內容平臺，更是一個讓你得以向外界分享個人故事、生活哲學與建立情感連結的空間。透過這片綠洲，你可以勇敢地向世界展示真實的自己，讓你的聲音被聽見，同時也讓你的獨特價值被更多人看見。

想像一下，當他人在網路上搜尋你的名字時，他們不僅僅看到一串冰冷的字母，而是能夠看到一個生動的你──你的熱情、夢想、成就和故事，所有這些都透過你精心設計的個人品牌網站呈現出來。這是一種多麼強大的自我表達，一種使你在這個數位世界中脫穎而出的方式。

舉例來說，當你透過 Google、Bing 等搜尋引擎搜尋「Vista Cheng」的時候，是否很快就可以找到我的個人網站呢？簡單來說，這也是一種個人品牌

的展現。

在這一章裡，我將帶領你從零開始打造個人品牌網站，即使你沒有任何技術背景，也能輕鬆使用 No code 或 Low code 工具、平臺來構建你的個人網站。從選擇平臺到設計網站的架構，從內容創作到展示你的作品，每一步都將充滿創意和樂趣。讓我們一起探索如何將你的個性、專業和熱情，轉化為可以感知的數位內容，進一步將你的個人品牌故事講述得更引人入勝！

透過本章的學習，你將會發現，建立個人品牌網站不僅是一項資訊技術的挑戰，更是一次自我發現和自我實現的過程。你將學會如何利用數位工具來塑造和展現你的個人品牌，如何透過個人網站與你的目標受眾建立深層次的聯繫和互動。

為何你需要個人品牌

說到個人品牌，你肯定不陌生。簡單來講，也就是將個人當作品牌來行銷。但也許你曾經想過這個問題：個人品牌為何重要呢？自己需要個人品牌嗎？

在當今這個數位時代，建立個人品牌已不再是少數人的專利，更不是可有可無的選擇，而是一種必要。個人品牌的強大不僅能夠提升你的專業形象，還有機會可以為你開啟新的職涯發展機會，加強與目標受眾的聯繫，並在你的領域內建立權威。

本章將引導你了解建立個人品牌的重要性，進而促使你採取行動，利用當今坊間好用的 No code 或 Low code 工具輕鬆建構一個屬於自己的網站。不用擔心缺乏資訊技術，無論是選擇平臺、設計網站架構抑或是內容創作，我都將提供你所需的知識和技巧，讓你即使沒有相關的技術背景，同樣也能夠輕鬆上手。

現在，就讓我們一起開啟這段旅程，運用你最獨特的智慧和創造力，在這個數位時代編織出一個屬於你的個人網站。在這個過程中，每一個點滴的努力都將匯聚成為你個人品牌最閃耀的光芒，引領你走向更廣闊的舞臺。這不僅是一個展示的平臺，更是一個實現夢想、分享熱情、創造價值的開始。讓我們攜手創造屬於你的數位綠洲，讓世界看見不一樣的你。

　　身處後疫情時代，伴隨數位游牧（digital nomad）等新型態的工作風潮崛起，近年來個人意識高漲，很多人開始發展斜槓事業，連帶地也讓個人品牌（personal branding）這個議題備受矚目。

　　但是，你知道何謂個人品牌嗎？

　　我很喜歡全球電商巨擘亞馬遜創辦人貝佐斯的說法。他說：「你的品牌是指當你離開現在這個地方時，別人所談論的你。（Your brand is what people say about you after you leave the room.）」

　　我很喜歡這個說法，因為簡單明瞭。話說回來，這也是為何打造一個能夠反映你的價值觀、專業技能和個人故事的個人品牌網站如此重要的原因了。

　　所以，我想要鼓勵所有想要發展個人品牌的朋友，一定要設法讓大眾對你營造出特別的感覺。換言之，如果你無法給人一種鮮明的印象，那就算做再多努力也只是枉然。

　　讓我們言歸正傳，到底什麼是個人品牌呢？你可以把它視為是一種自我包裝的手法，也可以是生命價值的實踐；簡單來說，也就是活出自己想要的模樣。

　　無論你置身哪個行業或領域，一個強有力的個人品牌都能為你帶來以下好處：

- 提高可見性：當你成為某一個領域的專家或意見領袖，你的影響力會遠遠凌駕你所在的行業或組織。

- 建立信任和認可：一個成功的個人品牌，往往可以讓你獲得同行和消費者的信任，這是獲得更多商業機會的關鍵。
- 長期職業發展：個人品牌自然是一項長期投資，它會隨著時間的推移而不斷增值，為你的職業生涯帶來持久且豐沛的好處。

整體而言，經營個人品牌並不是創業家、網紅的專利，任何一位職場人士都可以打造自己的個人品牌。透過個人品牌的力量，可以幫助我們創造自己的價值，建立更多的人脈連結等。除此之外，你還可以擁有更多工作與生活的自主權，同時也可提高自己的影響力，以及早日邁向財務自由。

甫於2022年卸任的Facebook前營運長Sheryl Sandberg，就是一個經營個人品牌有成的典範。她不僅在商業領域取得了成功，還成為了新時代女性領導力的代表。她的書籍《挺身而進》（Lean In）更是引發了全球對女性在職場中地位的廣泛討論。Sheryl Sandberg的個人品牌不僅幫助她在職業生涯中取得成功，也讓她成為社會變革的推動者。

想要打造個人品牌，我會建議你先找到自己的關鍵字和定位，審慎評估興趣、專長和行事風格。接下來，再開始盤點自己手邊擁有的資源，並選擇適合發展的方向。

所謂「自己的關鍵字」，也就是能夠直接了當地表達自己的人格特質、強項、興趣、專業或目標。如果你能夠用譬喻的方式來形容自己的特點，甚至可以實際舉出案例的話，就愈能夠讓對方留下深刻的印象。

舉例來說，坊間的寫作好手可能有很多，但是擅長行銷、會製作網站又懂得媒體溝通與經營的企業講師就不多了。這個時候，也許就會有人想起我了。好比最近我推出「七天閃電寫作營」，很多人一看到訊息就立刻報名，原因很簡單，因為我不只會教寫作，也能提供數位行銷的建議。

想當然耳，當你有一些令人印象深刻的關鍵字時，自然就比較容易引起

他人的關注。好比之前我曾寫過一篇文章，提到自己可以在半小時之內完成一篇部落格文章，同時還做好圖片編輯、文章排版與上架以及宣傳。

我寫過的一篇文章。
圖片來源：https://www.contenthacker.today/2019/02/write-your-blog-post-faster.html

　　由於有很多朋友之前都看過這篇文章，也有不少人曾經聽我分享過自己如何在半小時之內完成上述這些工作，所以，後來當大家遇到文案寫作或自媒體經營的問題時，都會聯想到我，也會跟我討論如何精進寫作技巧？

　　雖然我不是中文系科班出身，甚至大學時代也不是讀企管、行銷科系，但是當我與寫作、行銷拉近距離之後，慢慢地像是部落客、專欄作家、職業講師這些關鍵字，就逐漸與我產生了具體的連結。

　　話說回來，當某些特定的標籤或關鍵字開始貼到你身上的時候，自然就能擴大他人對你的認知，也讓你有機會得以走出舒適圈，同時也透過行動和產出來提高知名度。讓原本與你素昧平生的人，可以很快找到一個方法和你產生緊密的連結。

　　日本知名的鋼琴老師，同時也是暢銷書作家藤拓弘在《超成功鋼琴教室職場大全》這本書裡就提到：尋找關鍵字的工作，是一種將自己的強項、特徵「文字化」的工作。當你開始這麼做的時候，很可能會藉此發現到從未見

過的自己。我很喜歡作者所說的一句話：「當你在找尋或砥礪自己的關鍵字的過程，也就是在砥礪你自己。」

找到自己的關鍵字之後，我會建議你再花一點時間做好自我的資源盤點，如此一來，方能找到利基與切入點。接下來，就是大量的練習與實踐，藉此強化自己的專業與溝通表達的技巧，才能夠讓人願意信賴你。

之前，我曾經開設有關個人品牌的線上課程。我發現有不少朋友都有志想要打造自己的個人品牌，也對未來都抱有美好的憧憬……但巧合的是他們不約而同地向我提出一個問題，那就是：如果沒有強項，要如何打造個人品牌？

嗯，這的確是一個常見的問題。但是，難道一個職場人士沒有強項或專業，就無法打造個人品牌嗎？顯然，也有人有不同的看法！《多職新世代的聰明工作術》一書的作者土谷愛就認為，這個世界上並不存在「沒有強項的人」。因為所謂的強項，其實就是要設法彰顯自己的特色。

我很認同這樣的看法，所以建議你好好想想：到底什麼是你的強項呢？簡單來說，那就是能夠有助於達成目的之個人特色或人格特質。舉例來說，你是一個暖心的人嗎？你比別人更善於適應陌生環境嗎？或者，你很擅長觀察市場動態跟歸納繁複的事項嗎？

我覺得每個人都有自己的興趣、專長和特色，你肯定也有自己的強項。但重點是如何「組合」和「放大」，讓別人可以很容易就看見你？

所以，我建議有志打造個人品牌的朋友，可以參考以下的「個人品牌策略地圖實作表」，先花一點時間來自我盤點。建議你不妨拿出筆記本或便利貼來記錄一下，自己究竟擁有哪些強項和資源？然後再審慎規畫自己的定位，並且大膽勾勒未來的願景。

個人品牌策略地圖實作表
Visto 製圖

盤點、定位停看聽

	盤點	您有哪些強項、優勢與人脈？ 是否經營自媒體？有多少鐵粉？
	定位	是否找到合適您的市場區隔？ 如何建構您的品牌定位宣言？
	願景	具體展現自我的價值觀！ 展現帶給客戶的獨特利益！

打造個人品牌的目標

變現獲利　　展現專業　　提高影響力

和 Vista 一起打造您的獨特個人品牌！

在進行自我盤點與分析的時候，可以善用以下三個技巧：

- **細分化**：把市場做一些合適的切分，設法找到你的利基點。好比如果你想要經營親子的市場，但這範疇太大了，做起來會很辛苦！最好可以鎖定更明確的細分領域，像是幼兒園、小學低年級學生或中學生的族群。

- **量化**：用數據來呈現你的專業，設法營造存在感。舉例來說，光是說自己擅長教文案寫作，可能潛在客戶不會有太大感覺，這時若能凸顯自己擁有超過十年的教學培訓經驗，期間又幫上百家企業帶來多少金額的訂單的話，就能讓人印象深刻。

- **差異化**：如今各種賽道的競爭激烈，想要被市場看見，就一定要做到差異和區隔。以2024年正夯的AI來說，光是臺灣可能就有上百位企業講師在教AI商務應用，更別說那些資訊科系科班出身的老師了。

所謂「謀定而後動」，做好盤點的工作之後，確定自己對哪些事物充滿熱情，能夠給這個世界提供哪些價值？想清楚之後，再來思考有關行銷與宣傳的具體策略。

在自我盤點的同時，我也建議你可以順道想一想以下這幾個問題：

- 你花了很多錢跟時間在哪些事情上？
- 有沒有什麼事讓你付出很多努力卻還樂此不疲？
- 同事或朋友經常拜託你幫忙做哪些事？
- 哪些事會讓你全神貫注到廢寢忘食？
- 你平常會固定接觸哪些社群媒體或網站？
- 你的書櫃裡哪些主題或系列的書最多？

只要設法釐清這些問題的答案，自然會對你找到自己的職涯方向有所助益。至於個人品牌的定位，我建議可以從二個不同的方向來思索：

- 從當下看未來
- 以未來定義當下

從當下看未來的意思，就是請你從目前所擁有的技能、強項之中，找到最有把握或最感興趣的部分，然後再鎖定相關的市場不斷地耕耘。

而從未來定義當下，則是要設法找到自己的榜樣。當你找到未來自己最想成為的那個人的時候，自然就可以從他身上去挖掘最關鍵的因素，然後再根據這個方向去努力。

享譽國際的大導演李安曾說過，他只一心一意，做自己最擅長的事，「即使環境不順利，挫折與壓力也能成為日後的養分。」這番話讓我印象深刻，也很佩服李安導演可以堅持這麼多年，持續做自己擅長且具有熱情的事。

所以，如果你已經找到了未來的方向，請記得給自己一些時間，不要好高騖遠，請好好專注在這個領域的發展，遲早你會出類拔萃，成為這一行的專家。

當然，想要爭取廣大讀者的眼球，得要有正確的方法與策略。好比你可以搭建一個網站，然後運用內容行銷的方法來產出優質內容，藉此發展你的個人品牌。話說回來，透過創建和分發有價值、相關且一致的內容，不但可以確立自己在行業中的權威地位，更能夠建立信任和尊重你的專業知識的忠實追隨者。

放眼國際知名的企業家，其中有許多人早就開始運用內容行銷來發展他們的個人品牌，好比VaynerMedia的創辦人Gary Vaynerchuk，就是一個絕佳的案例。他幫許多公司建立品牌，並透過社群媒體和內容行銷來吸引目標受眾的關注。

Gary Vaynerchuk運用內容行銷以多種方式打造個人品牌，最著名的是他的YouTube頻道，有多達423萬人訂閱。他定期製作一系列關於創業、行銷和個人發展主題的影片。這些影片通常簡短而切合主題，提供有價值的見解和建議，讓觀眾可以立即付諸實踐。

除了YouTube頻道外，Gary Vaynerchuk還活躍在眾多的社群媒體上，他樂於分享他對各種主題的想法。他也善於使用Instagram，時常發布勵志短影片和個人的生活見解。

如果你想透過內容行銷來發展個人品牌，可以從Gary Vaynerchuk那裡學到一些經驗。

首先，專注於為你的目標受眾提供價值。無論是寫文章、拍影片，還是在社群媒體上分享自己的想法，請確保你所提供的資訊可供社會大眾改善他們自己的生活。

其次，請確保你的資訊和語氣保持一致。Gary Vaynerchuk以其嚴肅、實

事求是的風格而聞名，這使得他從人群中脫穎而出，並建立了一群欣賞他的誠實和真實的忠實追隨者。

最後，勇於嘗試新事物並樂於分享。以 Gary Vaynerchuk 為例，他並不以目前的成就自滿，多年來一直在尋找接觸廣大受眾的新方法，他不怕冒險和嘗試新方法的精神，這一點值得我們效法。

話說回來，我認為只要大膽走出舒適區並嘗試新事物，就可以找到創新的方式，和你的觀眾建立聯繫，進而建立你的獨特的個人品牌。

選擇合適的平臺、工具

現在，相信你已經知道打造個人品牌的重要性了。接下來，就讓我來跟你分享如何透過經營網站來打造個人品牌。

經營網站為何對我們的個人品牌有所助益呢？答案其實顯而易見。個人網站可以讓你說自己的故事，可以完全控制自己在線上的形象和敘事，是一個展示自己的專業技能、經驗和價值觀的平臺。

且一個專業和精心設計的個人網站，可以大幅提升你的可信度。這對於建立專業聲譽和吸引更多商業機會非常重要。

此外，個人網站和社群媒體平臺不同，個人網站允許你提供更多個性化的內容和互動體驗，這有助於建立更深層次的客戶或讀者關係。

然而，一個成功的個人品牌網站，光是把版面妝點得美輪美奐還不夠。那麼，一個不錯的個人品牌網站應該具有哪些功能呢？

- 展示專業技能和成就：你可以透過個人網站展示自己的工作成果、專案經驗和其他專業成就。
- 內容行銷和知識分享：個人網站是一個極佳的內容平臺，用於發布與你專業相關的文章、研究報告或參考資訊。

- 建立人脈形象和社交關係：你可以透過個人網站來建立和維護自己的專業網絡，不但包括你的同事、朋友，社交圈更可含括與同行、客戶或潛在雇主的互動。
- 商業變現和業務拓展：毫無疑問，個人網站也可以作為一個有效的變現工具，比如透過銷售產品、提供諮詢服務或進行線上培訓等方式來獲取收益。

在這邊，我想跟大家分享幾個成功的例子。

說到Timothy Ferriss，相信你應該對他耳熟能詳。他是《人生勝利聖經》、《人生給的答案I》、《人生給的答案II》等暢銷書的作者，同時也是成功的企業家和生產力專家。

他的個人網站是一個多功能的內容平臺，上頭匯聚了部落格、播客（podcast）、書籍推薦和各種生活技巧。他不僅透過這個平臺分享自己的知識和經驗，還成功地將其變成了一個可行的商業模式，包括：書籍銷售、贊助合作和線上課程，可說是個人品牌的成功典範。

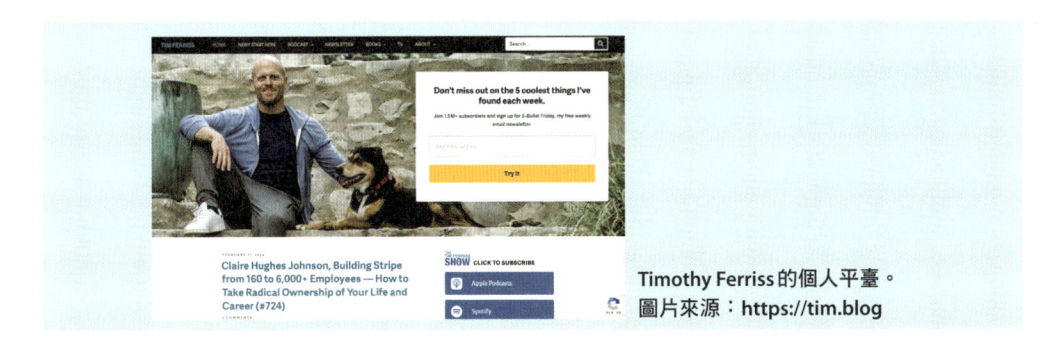

Timothy Ferriss的個人平臺。
圖片來源：https://tim.blog

另外一個個人品牌的經典案例，則是美國行銷大師Seth Godin。他的著作像是《這才是行銷》、《紫牛》、《肉丸聖代》等不但名聞遐邇，而且每本書都很暢銷，可說是洛陽紙貴。他的個人品牌相當鮮明，主要圍繞著「創新

行銷」和「領導力」等主題。

　　Seth Godin的網站設計簡單大方，是一個充滿洞見和資源的內容平臺，可以連結到他的書籍、課程和演講。此外，他的部落格也擁有高人氣和龐大的影響力，看似簡約的設計，背後卻坐擁極高的流量。

　　賽斯·高汀透過自己的官網和部落格展現個人品牌的魅力，他的網站不僅提供了豐富的內容，還有一個獨特的設計風格，這都有助於強化他的個人品牌。此外，他也透過自己的網站銷售書籍和課程，同時也利用這個內容平臺來吸引更多的演講和顧問機會，可說是一舉數得。

Seth Godin 的個人網站。
圖片來源：https://www.sethgodin.com

　　可以用來搭建個人品牌網站的 No code 或 Low code 工具、平臺相當多，以下是一些著名的平臺、工具和其特點。

1. WordPress

- 使用者：跨領域的作家、部落客與企業家。
- 特點：WordPress是一個極其流行的內容管理系統，擁有強大的自訂功能和廣泛的插件生態系統。許多作家和獨立出版者使用WordPress來建立他們的個人品牌網站和部落格。
- 案例：美國知名的市場行銷專家和作家Seth Godin，就使用WordPress來經營他的個人網站。

2. Wix

- 使用者：藝術家、設計師與小企業主。
- 特點：Wix是一個直觀的拖曳網站建造者，提供豐富的模板和設計選項，非常適合需要強大視覺呈現的用戶。
- 案例：世界上有眾多的藝術家和設計師選擇Wix來展示他們的作品集和服務。

3. Squarespace

- 使用者：攝影師、創意專業人士與零售商。
- 特點：Squarespace以其優雅的設計模板和易用的介面著稱，適合那些追求設計美學的用戶。
- 案例：全球不少攝影師和設計師常用Squarespace來建立一個具有專業外觀的線上作品集。

4. Shopify

- 使用者：電商創業者、零售商。
- 特點：Shopify是一個專注於電子商務的平臺，允許使用者建立強大的網路商店，無需深入的技術知識。
- 案例：許多網紅和名人，好比Kylie Jenner的Kylie Cosmetics，就使用Shopify來營運他們的網站，並從事商品銷售。

5. Substack

- 使用者：作家、專欄作家、記者。
- 特點：Substack提供一個簡單的電子報平臺，讓作家能夠直接向讀者發布電子報，並藉此向訂戶收費。
- 案例：多位知名作家和記者使用Substack，來發布他們的獨立出版品。

6. Notion

- 使用者：產品經理、技術作家。

- 特點：雖然很多人把Notion視為是一個組織和協作工具，但其靈活的自訂功能，也使其成為創建個人或專案網站的一個有趣選擇。
- 案例：一些技術部落客和產品經理，使用Notion來分享他們的知識和專案。

以上這些工具、平臺都非常好用，但具體的選擇通常取決於個人的需求、技術熟練度，以及他們希望透過網站達到的目的。透過這些工具、平臺，使得非技術背景的創作者也能輕鬆建立和管理他們的個人網站，進而加強他們的個人品牌以及與粉絲之間的互動。

以下是一些重要的選擇標準和建議，可以幫助你做出更明智的決策。

1. 確定你的需求和目標
- 目的明確：首先明確你希望個人網站達成的目標。是展示作品集、銷售產品、建立社群還是發布部落格文章？
- 功能需求：根據你的目標，考慮你需要哪些功能，像是電子商務支援、表單提交、會員註冊等。

2. 易用性
- 用戶友好：選擇一個介面直觀、易於上手的平臺，尤其是如果你還沒有網頁設計或開發的相關經驗。
- 模板品質：優質的布景主題設計模板可以幫助你快速啟動，選擇一個提供豐富且專業模板的平臺。

3. 可客製化和擴展性
- 個性化：即使是使用No code工具、平臺，由於其客製化程度高，你也可能希望你的網站能夠反映自己的品牌和風格。
- 未來增長：考慮貴網站未來可能的需求變化，選擇一個可以隨著你的業務成長而擴展的平臺。

4. 成本效益
- 預算：比較不同平臺的價格方案，考慮初始設置成本和長期營運成本。
- 價值：衡量投資回報，考慮你所支付的價格是否對應於你所需的功能和服務品質。

5. 支持和社群
- 客戶服務：良好的客戶服務，可以在你遇到問題時提供幫助。查看平臺的支持選項，如在線聊天、電子郵件支援、知識庫等。
- 用戶社群：一個活躍的用戶社群可以提供額外的支持和靈感。檢查是否有論壇、用戶社團或其他社群媒體群組。

6. SEO 和行銷工具
- 搜尋引擎優化（SEO）：確保平臺提供強大的 SEO 工具，幫助你的網站在搜尋引擎中獲得更好的排名。
- 社群媒體整合：檢查是否易於將你的網站內容分享到社群媒體平臺，以及是否支持其他行銷工具整合。

建議你在做出決定前，可以利用大多數平臺提供的**免費試用期**，這是評估是否符合需求的絕佳機會。此外，**研究相似個人品牌或業務**，是如何利用特定工具建立其網站的，可以提供寶貴的見解和靈感。最後，即是在**簡單與功能**之間取得平衡，選擇一個既能滿足你當前需求，又能隨著你的業務成長而擴展的平臺。

總之，利用 No code 或 Low code 工具、平臺來建設網站，涉及多個階段的過程，從明確目標和受眾開始，到選擇合適的工具，再到設計、內容策略制定，以及測試和優化。每一步都需要細緻的規畫和執行，才能確保最終打

造出一個既能反映品牌形象又能滿足用戶需求的成功網站。隨著市場的快速變化和技術的不斷進步，持續學習和適應新工具、新趨勢將是每一位網站擁有者和開發者必須面對的挑戰。

接下來，請讓我以自己也有在使用的Substack平臺，來為你做說明。

根據維基百科的介紹，Substack是一家於2017年由Chris Best、Jairaj Sethi和Hamish McKenzie共同創立的公司。Chris Best是Kik Messenger的共同創辦人，Jairaj Sethi是Kik Messenger的平臺負責人和主要開發者，而Hamish McKenzie是前PandoDaily的科技記者。

該公司總部位於美國加州舊金山的創業公司，他們所開發的內容平臺讓任何人都可以撰寫並發布免費或付費的電子報。雖然名為電子報平臺，但是Substack也具有網站的基本功能，適合想對外界發布內容或沒有技術背景的族群使用。

三位創辦人希望幫助創作者能夠擁有個人的媒體，進而能夠藉由內容變現。自2017年推出以來，Substack一直穩定成長，這個平臺允許創作者直接向讀者發送電子報，並透過設置付費牆的方式來達到內容變現的目的。

我的Substack網站。
圖片來源：https://iamvista.substack.com

接下來跟大家分享Substack的特色。

1. 直接貨幣化：Substack提供了一種簡便的方式，讓作家和創作者可以

透過訂閱模式直接從他們的內容創作中獲利。這包括免費訂閱和付費訂閱的選項，使創作者能夠根據自己的策略來選擇如何盈利。
2. **完全控制**：在Substack平臺上，創作者對自己的內容和與讀者的互動擁有完全的控制權。這意味著他們可以自由地決定內容的風格、主題和發布節奏。
3. **建立忠實社群**：這個內容平臺促進了創作者與讀者之間直接的聯繫，可以快速幫助創作者創建一個忠實的讀者社群。這種關係建立在共同興趣和價值觀上，有助於提高讀者的參與度和忠誠度。
4. **簡化操作**：Substack的使用介面相當友好且直觀，使得發布新內容和管理訂閱變得非常簡單。這對於非技術背景的創作者來說，特別有吸引力。

此外，使用Substack經營個人品牌，有以下的好處和優點：
- **低成本**：Substack的入門門檻很低，創作者可以免費創建帳號，並開始發布內容。
- **易用性**：Substack的使用介面簡單易用，創作者可以輕鬆地發布內容、管理訂閱者和與受眾互動。
- **靈活性**：Substack提供多種功能和工具，創作者可以根據自己的需求定製他們的內容和訂閱模式。
- **可控性**：Substack允許創作者擁有自己的內容和受眾，這有助於他們建立自己的品牌和聲譽。

透過以上的簡短介紹，相信你可以理解Substack不僅提供了一個強大的平臺，讓創作者可以對外發布內容、傳遞有價值的資訊，而且還促進了與讀者之間更深層次的聯繫，這對於經營個人品牌來說是非常有價值的。

如果你看了以上的說明後,想要開始嘗試使用Substack,請參考以下的行動方針:

1. **定位你的受眾**:在開始使用Substack之前,你需要先定位自己的受眾。你需要了解他們的興趣、需求和偏好,以便創建他們感興趣的內容。
2. **創建優質內容**:持續分享優質的內容,可說是成功經營個人品牌的關鍵。你需要創建具有深度、洞察力和原創性的內容,以吸引和留住你的受眾。
3. **推廣你的內容**:你需要用心推廣內容,讓更多的人知道你的存在。你可以透過社群媒體、電子郵件行銷和其他方式,來推廣你的內容和獨特觀點。
4. **與你的受眾互動**:與你的受眾互動,可以幫助你建立忠誠的受眾。你可以透過回覆留言、舉辦活動和其他方式,來增進與受眾之間的互動。
5. **分析你的數據**:你需要分析網站的數據,了解內容的表現。你可以使用Substack的分析工具,來追蹤你的訂閱者、閱讀量和其他的行銷指標。

除此之外,還有一些注意事項和具體的建議:
- **發布頻率**:請你定期發布內容,以保持目標受眾的參與度。
- **內容格式**:嘗試使用多種內容格式,例如文字、圖像和影音,以吸引不同類型的受眾。
- **社群互動**:積極參與Substack社群,與其他創作者和受眾互動。
- **付費訂閱**:考慮提供付費訂閱,以提供更多優質內容和福利。

使用Substack這個電子報平臺來經營個人品牌，就跟寫作一樣，也需要長期投入心力，建議不要有太大的得失心。當然，如果你能夠堅持不懈地努力，就可以建立自己的品牌和受眾，並在你感興趣的領域中取得一席之地。

網站架構和內容規畫

對於想要打造個人品牌的朋友來說，製作個人網站絕對是一個有效的策略。網站不僅提供了一個中心化的平臺來展示你的專業知識、成就和想法，而且還能夠幫助你分享自己的心情記事與品牌故事，與目標受眾建立聯繫。

以下，讓我從規畫網站架構和內容的角度來為你說明，同時輔以一些實際的案例。

1. 定義你的目標和受眾

首先，請你先對自己的需求勾勒一幅清晰的藍圖，可以詳細地定義你想要透過個人品牌實現的目標。究竟是想要吸引更多的諮詢客戶、提高個人影響力，還是想要對外展示你的作品集？明確你的目標，將可以幫助你決定網站的設計細節和內容策略。

接著，請鎖定你希望觸及的目標受眾。了解他們的需求、喜好和消費行為，這將可以幫助你設計出更有吸引力的網站。

2. 規畫網站架構

簡潔的網站架構，對於提供良好的使用體驗可說是至關重要。一個典型的個人品牌網站，可能包括以下的頁面：

- 首頁：清晰介紹你是誰，你在做什麼，以及你可以為訪客提供什麼價值？在首頁上方加入醒目的標題和副標題，說明網站的主題和目標。
- 關於我：更深入地講述你的故事、你的專業背景和你的個人品牌理

念。
- 服務／產品：如果你提供顧問諮詢服務、課程或其他產品，可以在此詳細介紹。
- 作品集／案例研究：展示你的工作成果，尤其是那些能夠證明你的技能和成就的例子。
- 部落格：定期發布與你專業領域相關的內容，不僅可以凸顯你的專業知識，還能提高網站的 SEO 排名。
- 聯繫方式：提供訪客一個直接的聯絡管道，以便能迅速與你聯繫。

3. 內容製作和設計

　　大家都聽過「內容為王」這句話，顯見內容才是吸引和保留訪客的重要關鍵。確保你的內容不僅有價值，而且易於閱讀和互動。此外，視覺設計也非常重要，應該反映你的個人品牌風格和專業形象。使用高品質的圖片和一致的字體及顏色方案。

4. 技術實踐

　　對於非技術背景出身的朋友來說，可以使用 WordPress、Wix、Squarespace 或 Google Blogger 等平臺來輕鬆建立和管理網站，它們提供了簡單好用的拖曳介面，可以讓你輕鬆地修改現成的主題布景模板，進而設計專屬於你的網站風格。

5. SEO 和社群媒體整合

　　為了讓更多人發現你的網站，應該著手搜尋引擎優化（SEO），並利用社群媒體來推廣你的內容。包括規畫適當的關鍵詞、網頁標籤，並在社群媒體上分享你的文章和網站。

除此之外，網站風格也很重要。建議應與你的個人品牌形象達成一致。以下是一些設計網站風格的建議：

- 使用與個人品牌形象相符的顏色和字體。
- 使用簡潔明瞭的布局，避免過於複雜的設計。
- 使用高品質的圖片和影片，提升網站的視覺效果。

當網站建構完成之後，你也可以使用網站分析工具，追蹤網站流量和訪客行為，可以幫助你了解訪客的喜好和需求，進而改進網站內容和設計。

除了上述的原則，我還想跟你分享一些有關網站架構與內容規畫的優秀做法：

1. **凸顯個人特色**：強化個人品牌的關鍵，在於如何在網站設計中展示你的個性、風格和專業技能。讓訪客能夠迅速了解你的品牌形象，無疑是相當重要的關鍵。
2. **創作優質內容**：優質且具有吸引力的內容，不僅能展示你的專業知識，還能吸引更多的訪客。建議你可多撰寫專業文章、案例研究，或是拍攝教學影片、錄製 Podcast 與直播等。
3. **故事性**：透過講述你的故事和經歷，來建立與目標受眾之間的連結。人們喜歡聽故事，這可以幫助他們快速理解你是誰，以及你如何能夠幫助他們？
4. **網站規模與架構**：根據需求，選擇適合自己品牌需求的網站規模。一個小型但精緻的網站，往往比一個大而全、但缺乏焦點的網站更能吸引目標受眾。
5. **互動性和使用體驗**：確保你的網站不僅外觀吸引人，而且易於導航，並且在不同的裝置上都能提供良好的使用體驗。適時運用像是聯絡表單、社群媒體連結等互動元素，可以增加粉絲的互動性與參與度。

以上這些原則和做法，不僅適用於正在建立個人品牌的朋友，也適用於希望提升現有個人品牌影響力的人。重要的是始終保持真實性，並確保你的網站和內容，能夠真實地反映你的專業知識和個性。

要素	注意事項	行動方針
目標定義	明確定義你的網站目的和目標受眾。	確定你想要透過個人品牌達成什麼？了解你的目標受眾及其需求。
網站架構	設計一個直觀、易於導航的網站架構。	創建一個簡潔的導航欄。確保可快速找到重要資訊（如聯繫方式）。
內容品質	發布高品質且與受眾相關的內容。	定期更新部落格文章。展示你的專業知識和成就。
視覺設計	確保網站的視覺設計反映你的個人品牌風格。	使用專業的圖片和一致的顏色方案。可考慮聘請專業設計師。
使用體驗	提供良好的使用體驗，包括加載速度和行動適應性。	優化網站速度。確保網站在各種裝置上均可正常使用。
SEO優化	透過優化SEO提高網站在搜尋引擎中的排名。	使用關鍵詞策略。優化網站的標題和網頁描述。
社群媒體整合	利用社群媒體提升品牌能見度。	在網站上置入社群媒體連結。分享網站內容到你的社群媒體。
互動和參與	鼓勵訪客參與和互動。	置入聯繫表格或訂閱電子報的選項。鼓勵留言或意見回饋。

最後，讓我用一個實際案例來為你解說，在打造個人品牌網站的過程中，應該如何從事網站架構與內容的規畫。

之前，曾有一位自由工作者（暫且稱呼她美筠好了）想要打造個人品牌，她經過朋友的介紹來找我諮詢。她告訴我，她大學時代讀的是食品營養，所以事業發展的目標是希望可以發揮自己的專業技能，提供客戶有關營養諮詢和健康飲食的建議。

當初，我請美筠簡單勾勒一下個人網站的初步規畫。原本她完全沒有概念，經過我的一番說明之後，她總算能夠打出一份草稿：

首頁：簡短介紹自己，強調專業性和熱情。

關於我們：詳細介紹她的背景、經驗和專業知識。

服務項目：列出她提供的服務，例如個別諮詢、營養計畫等。

部落格：分享健康飲食知識、食譜和成功案例。

作品集：展示她的客戶案例和成功故事。

以下是我對她網站架構與內容規畫的全面建議，主要的重點放在加強她的個人品牌形象，並且提升訪客的使用體驗。

首頁

- 個性化的歡迎訊息：使用親切、鼓舞人心的語言，快速介紹美筠的專業領域和她如何能夠幫助訪客實現健康目標。
- 視覺元素：加入專業的個人照片和健康飲食相關的高品質圖片，使首頁看起來更加吸引人。
- 行動呼籲（CTA）按鈕：設置明顯的CTA按鈕，好比「了解更多」來導引訪客連到「關於我們」的頁面，或是透過「預約諮詢」直接引導訪客預約服務。

關於我們

- 個人故事：深入講述美筠的背景故事，包括她為何選擇這條職涯道路以及她個人推動健康照護的旅程，以建立與訪客之間的信任與情感聯繫。

- 專業認證和經驗：詳細列出她的學歷、證照和相關經驗，增加可信度。
- 客戶見證：展示真實客戶的口碑推薦和成功故事，以增強信任感。

服務項目

- 服務詳情：對每項付費服務提供詳細的說明，其中包括服務流程、期望結果和價格範圍。
- 個性化服務：介紹如何根據客戶的獨特需求，來進行客製化諮詢和營養計畫。
- 預約系統：整合線上預約系統，讓客戶能夠輕鬆選擇服務和預約時間。

部落格

- 定期更新：分享最新的研究、趨勢、健康飲食知識和簡易食譜，展示她的專業知識和對行業的持續關注。
- 互動元素：鼓勵讀者留言和分享，並回答他們的問題，以促進社群互動。
- 資源頁面：創建一個時常更新的資源頁面，彙整有用的文章、指南和推薦書籍，成為訪客的健康飲食資訊庫。

作品集／客戶案例

- 詳細案例研究：透過前後對比圖片、客戶見證和具體的數據，對外凸顯她的工作成效。
- 多樣化的案例：展示不同背景和需求的客戶案例，突出她的服務適用於各種年齡層的族群。

額外建議

- SEO 優化：確保所有頁面都針對相關的關鍵詞進行優化，提高在 Google、Baidu 與 Bing 等搜尋引擎的可見度。

- 社群媒體整合：在網站上加入Facebook、YouTube等社群媒體的連結，並保持個人在社群媒體上的活躍，以擴大她的網路影響力。
- 手機友好設計：確保網站在各種行動裝置上都能夠流暢運行，提供良好的行動體驗。

聰明的美筠在聽取這些建議之後，很快就能夠舉一反三，果然沒花多久的時間，就創建出一個既能夠展示她的專業知識和熱情，又能夠有效吸引和服務目標受眾的個人品牌網站了。

現在輪到你來動手練習囉！

第五章
打造個人品牌網站：
進階篇

　　如果你讀完了前幾章，相信已經掌握了使用No code或Low code工具、平臺來建立基礎網站的知識和技巧。現在，是時候將你的網站從一張單純的數位名片，轉變為一個強大的個人品牌平臺。如此一來，不僅能夠吸引訪客，還可以促進互動、加強影響力，甚至實現商業價值。

　　在這一章之中，我們要更深入為你的網站設定更多的工具，並以Google Blogger來講解，如何搭建一個有利於打造個人品牌的個人網站。我會為你從網站營運的幾個面向，進行深度探討和實踐，分別是：Google Blogger申請與設定、SEO和網站優化、個人品牌的變現策略。最後，我還會以案例分析的方式──拆解我的個人品牌網站──藉此具體展示如何運用No code或Low code工具、平臺來營運個人網站。

　　我之所以選擇Google Blogger作為本章示範教學的平臺，道理很簡單，因為這是一個長久以來受到許多內容創作者青睞的網路平臺，對於沒有技術背景的人來說，確實是打造個人品牌和從事內容創作的絕佳工具。

　　我除了為你講解申請Google Blogger的相關步驟，也會分享如何透過搜尋引擎優化（SEO）技術提升網站的可見性和排名。這不僅關乎關鍵詞的選擇和使用，更是關於網站架構、用戶的使用體驗（UX）和內容品質的全面優化。

　　在當今數位時代，除了內容產製，社群媒體和網絡行銷也是擴大個人品牌影響力的關鍵。此外，若能有效地利用社群媒體平臺（例如：Facebook、

LinkedIn、Instagram和Twitter等）來拓展我們的人際網絡、加強與目標受眾的連結和互動，也會對於打造個人品牌有所幫助。當然，創建文章、影音和播客（Podcast）等引人入勝的內容，才是吸引和保持目標受眾的關注的主要關鍵。

接著，我也會深入探討如何將個人品牌轉化為實際的經濟收益。無論是透過銷售產品、提供服務、舉辦線上課程，還是透過合作夥伴關係和贊助，都存在著多種變現途徑。我們將學習如何設計和實施一個有效的銷售漏斗，進而將訪客轉化為顧客，並透過多種通路增加收入。

最後，透過分析我的個人品牌網站「Vista Cheng」，將具體為你展示上述策略的實際應用。從個人打造個人品牌的過程中，我可以跟你分享如何有效地結合SEO、社群經營、內容創建和變現策略，將一個個人網站與部落格，轉化為一個具有強大影響力和商業價值的平臺。

Blogger的特點和優點

首先，讓我簡單介紹一下Google Blogger。這個內容平臺服務簡稱Blogger，是一個由美國Google公司所提供的免費部落格發布服務。它允許個人或公司、團隊分享多樣化的內容，透過簡單的操作在網路上發布思想、觀點，或是對外分享經驗和有趣、有用的資訊。

Blogger於1999年由Pyra Labs創立，最初是作為專案管理工具的一部分。2003年，Google收購了Pyra Labs，進而取得了Blogger的所有權。之後，經由Google不斷地更新和改進，為Blogger增加了許多新的功能和特性，使其成為一個更加強大並對用戶友好的內容平臺。

自1999年創立以來，至今已有二十多年的歷史。Blogger屹立不搖，已經發展成為世界上最受歡迎和廣泛使用的部落格平臺之一。

為何我想推薦你使用Google Blogger呢？主要因為它有以下的特色：

1. **容易使用**：Blogger擁有一個相當簡單、直觀的使用介面，使得創建和管理部落格變得非常簡單，即使是對技術不太熟悉的人也能夠輕鬆上手。
2. **自訂選項**：使用者可以透過選擇不同的模板和布局，以及使用自訂CSS和HTML，來客製化他們的部落格。
3. **Google整合**：Blogger與Google的其他服務（如Google AdSense、Google Analytics）緊密整合，方便使用者藉由內容盈利、追蹤訪問者統計等。
4. **免費使用**：Blogger是完全免費的，使用者可以按照自己的需求來創建多個（數量不限）的部落格，並且不需要支付任何費用。
5. **支持多用戶**：Blogger允許多個作者共同管理一個部落格，這使得團隊共筆協作變得相當容易。
6. **行動裝置優化**：Blogger的布景主題模板都是支援回應式網頁設計的，意味著部落格在智慧型手機和平板電腦等各種行動裝置上都能正常運作。

除了Blogger不需要擁有網頁設計或程式設計等相關知識外，還有其他優點，適合非技術背景的一般人士使用：

1. **快速入門**：由於是美國Google公司所提供的服務，使用者可以利用現有的Google帳號快速註冊和開始發布內容。
2. **成本低廉**：作為一個免費的內容平臺，Blogger為想要分享自己的知識、經驗或創意的人提供了一個成本低廉（幾乎為零）的解決方案。
3. **盈利機會**：透過Google AdSense服務，使用者可以藉由部落格內容來賺取廣告收入，為個人創作者提供了盈利的可能。

無論你是業餘愛好者、專業人士、作家還是代表商業組織，Blogger以其使用者友好的設計、強大的功能以及與其他Google服務的緊密整合，可作為一個適合各種用途的內容平臺。對於那些想要尋求一個簡單、可靠且成本低廉的方式來分享自己的聲音和創意的人士來說，Blogger可說是一個絕佳的選擇，只需要一個Google帳號就可以開始設計屬於自己的部落格網站，堪稱Blogger的最大賣點之一。

為了方便你比較，我把Blogger與其他內容平臺的特點整理出來：

功能／特性	Google Blogger	WordPress（自行托管）	Wix
初始成本	免費	需支付主機和域名費用	免費版本可用，進階功能需付費
使用難度	低（適合初學者）	中至高（自行定義程度高）	低（適合初學者，拖曳介面）
自行定義能力	有限但足夠	高（擴展性強）	中至高（豐富模板和應用）
功能	基本部落格功能	豐富（適合多種用途）	多樣化（包括電商、部落格等）
SEO	基本	高級（需外掛程式支持）	內建工具，易用
行動適應性	回應式網頁設計	大部分主題支援回應式網頁設計	完全回應式網頁設計
盈利能力	透過AdSense	多種方式（廣告、電商等）	透過電商、訂閱等方式

若從目標受眾的角度來看，Blogger的學習門檻很低，適合以下的族群使用：

個人創作者：分享個人想法、經歷或作品的部落客、寫作者或藝術家。
小型企業和新創公司：需要一個成本低廉但專業的網路展示平臺。
學生和教育機構：分享學習或教學資源、學術成果或校園生活。
非營利組織：宣傳組織理念，以期吸引更多外界的關注和支援。

整體而言，Blogger以其簡單易用、免費，以及豐富的布景主題模板，成為許多人選擇創建部落格或個人網站的理想平臺。無論你是剛入門的部落格新手，還是想要尋求一個穩定可靠的企業展示平臺，Blogger都能滿足你的需求，讓你在廣大的網路世界中脫穎而出。

Blogger 的申請和設定

要在Blogger上頭打造一個部落格，是相當簡單的事情。只要你有Google的帳號，直接連上Blogger官網，點選「建立網誌」即可啟動。

申請你的Blogger網站。
圖片來源：https://www.blogger.com/about/?bpli=1

然後，輸入你想要的網誌名稱（之後可以多次修改），並且設定網址。

設定你的網誌名稱和網址。圖片來源：https://draft.blogger.com/

　　設定好之後，即可進入Blogger的後臺。後臺的介面相當簡單，主要分為兩欄式設計。左邊是功能選項，包括：文章、統計資料、留言、收益、網頁、版面配置、主題、設定和閱讀清單。

　　Blogger支援二種主要的內容輸出型態，分別是文章跟網頁。如果你想撰寫部落格文章，請選擇在「文章」專區發表，倘若你想設計一些好比個人介紹、聯絡站長等比較少需要改動的固定內容，我會建議你在「網頁」專區發表。

Blogger後臺相當簡潔，一目瞭然。
圖片來源：https://draft.blogger.com/

　　你的部落格可以搭配不同的布景主題、文章版型，藉此凸顯你的個人品牌與風格。

我挑選的Blogger風格和文章版型。圖片來源：https://www.vistacheng.com

　　至於網頁的內容呈現，你也從Blogger後臺運用HTML、CSS來撰寫和設計。具體的呈現樣式，可參考下圖。

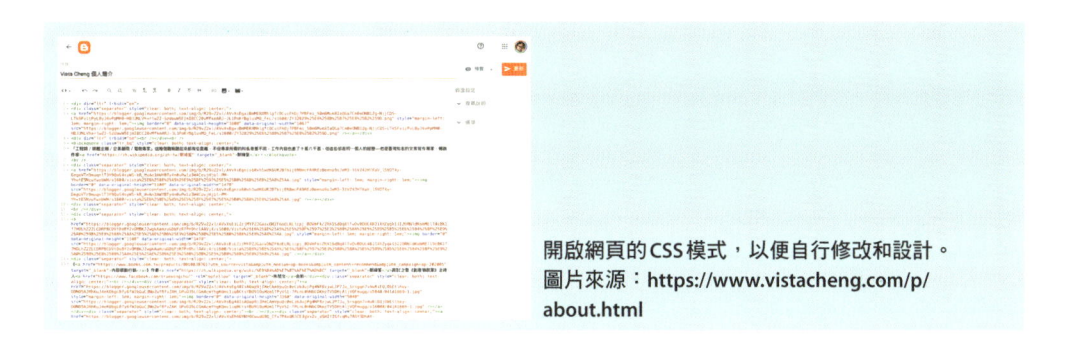

開啟網頁的CSS模式，以便自行修改和設計。
圖片來源：https://www.vistacheng.com/p/about.html

　　如果你想更強化個人品牌，我建議你每年花一些預算（通常不到一千元新臺幣），到例如Namecheap、GoDaddy、Gandi、Cloudflare Registrar、NameSilo等網站，註冊一個自己喜歡的網域名稱。

　　註冊完成之後，可以跟你的部落格進行綁定。請在Blogger後臺的「設定」選項中找到「自訂網域」的欄位，輸入你事先註冊好的網址，例如我的：www.vistacheng.com。

　　然後，系統會提示你前往網域註冊商的網站，找出你的網域名稱系統（DNS）設定，然後輸入下列兩筆CNAME「名稱：www，目的地：ghs.google.com」，以及Blogger系統提供的一組代碼「名稱：xxx（例如abc123），目的

地：xxx（例如xyz456）」，請確保準確輸入。之後即可回到Blogger後臺，點擊「保存」或「驗證」按鈕，需等待幾分鐘到48小時，讓DNS設定生效。

如果你需要參考詳細操作說明，請參閱https://support.google.com/blogger/answer/1233387。設定完成之後，你就可以擁有一個專屬域名的部落格或個人網站了。

設定專屬的網址。圖片來源：https://draft.blogger.com/

SEO 和網站優化

對於使用Blogger的用戶來說，從事搜尋引擎優化（SEO）是提高網站能見度和吸引更多訪客的關鍵步驟。如果你已經決定選擇使用Blogger來搭建自己的個人網站或部落格，以下是一些有效的策略和技巧，可以幫助你有效提升貴站的搜尋引擎排名：

1. 使用獨立域名

- 原因：一個獨立的域名比Blogger提供的子域名更專業，不僅有助於提升個人品牌的形象，同時也會對SEO產生正面影響。
- 操作：建議你購買一個獨立域名，並請參考我在上一節的教學，在Blogger的後臺設定中進行配置。

2. 優化部落格標題和描述

- 原因：設定主題明確且具有關鍵字思維的標題和搜尋說明，可以提高搜尋引擎對網站主題的理解。
- 操作：記得在Blogger的設置中，填寫有吸引力且包含關鍵字的部落格標題和描述。

3. 使用關鍵字策略

- 原因：選擇正確的關鍵字並在文章中合理使用，有助於提升文章在搜尋結果中的排名。
- 操作：進行關鍵字研究，確定目標讀者可能搜尋的詞彙，並在文章標題、副標題、內文和標籤中自然地使用這些關鍵字。如使用Google Keyword Planner、Ahrefs，或Semrush，找出與你文章主題相關的高搜尋量關鍵字。

4. 優化文章和圖片

- 原因：優質的內容和圖片標籤有助於提升整體的使用體驗，並可吸引Google等搜尋引擎的關注。
- 操作：確保這些文章具有價值，而且是有獨特性的內容。如果需要在網頁中加入<meta>標籤或html語法來定義元描述，可以點選Blogger後臺的「網頁」單元，進入到特定網頁之後再切換到「HTML檢視」，即可直接新增相關的語法，確保網頁描述中包含主要關鍵字，並且描述清晰、吸引人。此外，圖片的部分也可以使用ALT標籤描述圖片，並使用TinyPNG來檔案壓縮，以加快加載速度。

開啟Blogger後臺以HTML模式檢視並增加網頁描述。

5. 提升網站速度

- 原因：網站的加載速度是 Google 排名的一個重要因素，網站的開啟速度如果夠快，往往可以提供更好的使用體驗。
- 操作：使用 Google PageSpeed Insights 檢查網站速度，並可按照建議進行優化。移除不必要的小工具和外掛程式。

6. 建立內部連結和外部連結

- 原因：內部連結有助於搜尋引擎理解網站結構，而高品質的外部連結可以提升網站的權威性和排名。
- 操作：在你的文章中自然地添加指向其他文章的內部連結，可提升多樣性。爭取從其他相關且有權威的網站（好比維基百科、大學院校的網站等），獲得一些寶貴的外部連結。

7. 使用社群媒體和部落格網站

- 原因：透過社群媒體和其他部落格的互動，可以增加你的網站的曝光度和訪問量。
- 操作：在社群媒體上分享你的文章。與同領域的部落客、網紅建立聯繫，互相推廣。

8. 定期更新內容

- 原因：定期更新貴站的內容，可以提醒搜尋引擎的爬蟲經常來爬取你的網站，有助於保持和提升你的網站的排名。
- 操作：制定內容行事曆，定期發布新文章或更新現有內容。

9. 使用 Google Search Console 和 Google Analytics

- 原因：Google Search Console 和 Google Analytics 是強大的工具，可以幫助你監控網站在 Google 搜尋中的表現並優化排名。
  - 操作：註冊 Google Search Console，定期檢查網站健康狀況，並根據 Google 的意見回饋來進行調整。而要新增 Google Analytics 功

能，只需要直接點選Blogger後臺的「設定」單元，輸入你先前在Google Analytics申請帳號所取得的ID即可。

在Blogger後臺新增Google Analytics以分析自己的網站。

透過上述步驟的實踐，相信你可以有效地提升你的Blogger網站在搜尋引擎中的排名，吸引更多的訪客，最終達到提升網站能見度和影響力的目標。

我在前面有提到設定「搜尋說明」的重要性，順便在此跟你解說一下Blogger的相關設定方式。

請你先連上Blogger後臺，從「設定」選項中找到「搜尋偏好設定」，點選之後可以看到有關「中繼標記」的部分。如果你尚未啟用這項功能，請記得點選「編輯」開始填寫。

按照系統的指示，請用精簡的字句來介紹貴站的旨趣、特色，千萬不要超過150個字，簡單扼要介紹自己的經歷，以及這個網站的發展旨趣即可。填寫「搜尋說明」的用意，是要幫助搜尋引擎準確理解與傳達內容，進而讓網友得以了解貴站的性質。

儲存變更之後，再切到「發表文章」的選項，就會在右側看到「搜尋說明」的欄位。以後每次發表文章的時候，一定要記得填入適當的搜尋說明文字。

以我自己的網站為例，我在上頭寫道：本站站長是鄭緯筌，國立臺灣大學工業工程學研究所碩士，曾任「數位時代」主編。文章散見《經濟日報》、《科技島》，著有《ChatGPT 提問課》、《內容感動行銷》等書。

在「發表文章」的右側「搜尋說明」欄位，記得填入適當的搜尋說明文字。

接下來，請讓我以之前發表過的「我看《複業時代來了》：從 π 型人、斜槓青年到零工經濟」這篇文章為例，來為你解說有關 SEO 布局的內容策略。

這本書的作者跟大家分享的重點是：在這個不確定的多變年代裡，人們該如何挑戰多職或者所謂複業的人生，進而開創個人的事業版圖。

為了讓大家能夠很快抓住重點，我選擇填入的「搜尋說明」如下：「讀

《複業時代來了：多重職業創造多份收入，過一個財富自由的人生》，讓我有一些觸發，像是書上所摘錄的一些金句，頗能讓人感到振聾發聵。好比傑斯・霍爾（Jace Hall）的名言：「要從A到C，不一定非得經過B。」就點醒我要脫離僵化的傳統，找出適合自己的發展路徑。」

這段簡介大約有128個字，我分成了下面三個重點：

- 介紹我目前正在看哪本書，以及為何要看？
- 引用書中的內文，吸引讀者關注。
- 淺談這本書對我的意義，以及自己的領悟。

別小看「搜尋說明」，這裡面其實也隱含了內容策略的布局。我想給各位站長朋友一個建議，即便要從文章裡複製一段現成的文句貼上，也請記得找到最合適的段落。

嗯，來看看實際的成效吧！當我用「複業時代」這個關鍵字在Google搜尋時，不但可以在第一頁找到自己的文章，還能看到完整呈現這段摘要。

> **我看《複業時代來了》：從π型人、斜槓青年到零工經濟 - 內容駭客**
> https://www.contenthacker.today/2018/02/rich-20-something.html ▾
> 5 天前 - 讀《**複業時代**來了：多重職業創造多份收入，過一個財富自由的人生》，讓我有一些觸發，像是書上所摘錄的一些金句，頗能讓人感到震聾發聵。好比傑斯・霍爾（Jace Hall）的名言：「要從A到C，不一定非得經過B。」，就點醒我要脫離僵化的傳統，找出適合自己的發展路徑。

我相信對這個主題感興趣的網友看到時，一定能夠很快就掌握到我預先置入的三個重點：我在讀哪本書、書中的金句，以及我對這本書的領悟與感受。既然可以很快攫取到重點，自然也就不難吸引大家點閱了。

在Google公司所推出的「搜尋引擎最佳化（SEO）入門指南」中也提到，說明中繼標記非常重要，因為Google可能會用這些標記產生你網頁的摘要。

如果你也想要提升貴站的SEO效能，建議先從寫好搜尋說明、標題和網頁摘要開始。

個人品牌的變現策略

運用 No code 或 Low code 工具、平臺來達成個人品牌變現，可說是當今社會資訊技術進步帶來的一大機遇。透過這些工具可以讓非技術背景的創業家、作家、藝術家、教育者等，能夠輕鬆建立網站、應用程式、自動化工作流程等，進而推廣自己的個人品牌、擴大影響力並創造收入。

以下是一些具體的行動方針和建議，提供給你參考：

1. 確定你的目標和受眾
- 設定你的專業領域：首先，確定你想要在哪個領域建立個人品牌。你所選定的主題方向，可以是你的專業知識、興趣或熱情所在。
- 了解你的目標受眾：研究並了解你的目標受眾，包括他們的需求、偏好和痛點。這有助於你設計更加針對性的解決方案。

2. 選擇合適的 No code 或 Low code 工具、平臺
- 建站工具：好比使用 Wix、Squarespace、WordPress（配合 Elementor 等頁面建構器）等，可用於建立個人或品牌網站。
- 電商平臺：可以使用像是 Shopify、BigCommerce 等電商平臺來銷售產品，適合那些想要在網路上做生意的創業家。
- 應用程式開發工具：可以使用諸如 Adalo、Bubble，讓你無需具備程式設計的知識就能開發智慧型手機或網路應用程式。
- 自動化工具：可以使用像是 Zapier、Integromat 等工具，幫助設計自動化日常任務和工作流程，提高效率。

3. 建立和推廣你的品牌
- 創建高品質內容：利用上述工具建立一個吸引人的網站或部落格，定期發布高品質、有價值的內容，例如：文章、影音、播客等。
- 社群媒體整合：可以使用 No code 或 Low code 工具、平臺將你的社

群媒體帳號整合到你的網站上,提高互動性和參與度。
- SEO和網路行銷:利用SEO技巧來優化你的網站內容,並使用Google AdWords、Facebook廣告等工具進行線上推廣。

4. 變現你的品牌
- 線上課程和工作坊:利用Hahow、開課快手、Teachable、Udemy或Podia等平臺,來創建和銷售線上課程或工作坊。
- 電子書和數字產品:創建電子書、模板、工具包等數位產品,並透過自己的網站或Gumroad、Etsy等平臺銷售。
- 會員制內容:使用Patreon、Memberful或你的網站上的訂閱功能,為你的粉絲提供獨家內容或服務。

5. 分析和優化
- 使用分析工具:利用Google Analytics或你的平臺內建的分析工具,追蹤你的網站、產品和行銷活動的表現。
- 持續優化:根據數據分析結果不斷調整和優化你的內容、產品和行銷策略,以提高用戶的使用體驗和轉化率。

運用No code、Low code工具、平臺來建立個人品牌,進而尋求變現的可能,可說是一個持續的學習過程。隨著資訊技術的進步和市場的變化,總會有新的工具和策略出現,建議你保持好奇心和靈活性,不斷地進行實驗和優化,以達到最佳的變現效果。

接下來,我針對可行的個人品牌變現策略逐一進行講解,希望對你有幫助!

第一種策略:內容創作與數位產品銷售

這種策略涉及創建具有高價值的數位內容產品,例如:電子書、線上課程、影音教學、網路研討會等。這些產品通常圍繞創作者的專業領域或專

長,並透過個人網站、社群媒體平臺或是第三方平臺(好比Hahow、開課快手、Udemy、Teachable等)進行銷售。此一變現策略的關鍵在於創建獨特、高品質的內容,並有效地銷售給目標受眾。商業模式可以包括一次性購買、訂閱服務或會員制,提供持續的價值和更新的內容。

成功案例解析:

- Tim Ferriss:《一週工作4小時》、《人生勝利聖經》等暢銷書籍的作者,利用自己的個人品牌和專業知識創建了一系列書籍和數位產品。Tim Ferriss的成功關鍵在於創造獨特的生活設計和個人效率提升的概念,這些概念與眾不同,吸引了大量讀者和追隨者。Tim Ferriss透過不斷開發內容創新和高品質的產品,建立了堅實牢固的讀者基礎和品牌忠誠度。
- Pat Flynn:Smart Passive Income的創辦人,同時也是《超級粉絲》、《自學力就是你的超能力》等暢銷書籍的作者。Pat Flynn透過分享自己在線賺錢和創業的經驗,建立了一個龐大的追隨者群體。Pat Flynn的成功在於他的透明度和真誠性,他公開分享自己的收入報告,詳細說明他賺錢的方式,這種透明度幫助他贏得了讀者的信任和尊重。此外,他提供的內容和課程品質很好,滿足了受眾的需求。
- Marie Forleo:她是《凡事皆有出路》一書的作者,同時也是B-School等線上商業和個人成長課程的創辦人。Marie Forleo的成功關鍵在於她的個性魅力和高能量的傳播方式,這使她的內容既吸引人又易於理解。她的課程結合了實用的商業策略和個人成長原則,幫助學員在業務和生活中取得成功。Marie Forleo成功地利用了影音和社群媒體平臺擴大她的影響力和銷售通路。

從以上這三個案例不難發現,成功的內容創作與數位產品銷售策略,需

要創建獨特且高品質的內容,與受眾建立信任關係,並透過有效的行銷和銷售通路來實現銷售。每個成功案例都有其獨特的賣點和策略,但共同點在於他們都能夠深入了解並滿足其目標受眾的需求。

第二種策略:舉辦講座與工作坊

舉辦講座和工作坊,也是現代社會中一種常見的變現方法。簡單來說,就是你可以在公開場合、私人機構或企業活動中進行演講或舉辦研討會、培訓,講者主動分享自己的專業知識、經驗或創新思維以藉此收費。透過這種方式,講者不僅能夠賺取演講費或工作坊收入,還能加強個人品牌的知名度和影響力。此一策略的商業模式顯而易見,包括:直接收取演講費、銷售門票、提供高價的私人諮詢服務,或是販售後續的線上課程和產品銷售等等。

成功案例解析:

- Tony Robbins:作為全球著名的生活教練和演說家,Tony Robbins透過舉辦大型演講和多日工作坊來賺取收入,好比他的「Unleash the Power Within」和「Date With Destiny」。Tony Robbins的成功關鍵在於他強大的演講能力和能夠激發聽眾情感的能力。他的演講不僅提供實用的生活和業務策略,而且以極具感染力的方式進行,使參與者產生深刻的個人轉變。

- Simon Sinek:以其「先問為什麼」(Start With Why)演講而聞名,Simon Sinek透過演講在全球變現個人品牌。他的成功關鍵在於提出了一個簡單但深刻的概念,也就是任何成功的個人或組織,都清楚地知道他們為什麼存在。他的演講和工作坊吸引了各種組織和個人慕名而來,希望找到他們的「為什麼」。這個概念的普遍吸引力和易於理解的特性,可說是他的成功關鍵之一。

- Brene Brown:作為一位專門研究勇氣和脆弱性的學者,Brene Brown

不但是一位暢銷書作家，她也透過演講和工作坊將自己的研究變現。她著有《脆弱的力量》、《我已經夠好了》、《做自己就好》等書。綜觀Brene Brown的成功關鍵，在於她對脆弱性的深刻洞察和勇於展示自我脆弱性的勇氣。Brene Brown的演講充滿了真實的故事和研究數據，使她能夠與聽眾建立深厚的情感聯繫，鼓勵人們接受自己的不完美，進而實現個人和專業生活的成長。

看完以上這些成功案例，相信你一定能夠理解，舉辦講座和工作坊不僅是一種可行的收入來源，也是加強個人品牌影響力的強大工具。要知道，一位成功的講者往往能夠深入人心，提供獨特且富有啟發性的內容，並透過強大的演講技巧與聽眾建立情感聯繫。此外，持續的內容創新和高品質的分享，可說是維持目標受眾的興趣和忠誠度的關鍵。

第三種策略：品牌代言與合作

品牌代言和合作策略的實踐，通常涉及與公司或品牌合作，換言之，利用個人的影響力和受眾基礎來推廣產品、服務或品牌，也可獲得代言費或收入分潤等。這種策略通常透過社群媒體推廣、廣告代言、產品放置、內容合作等形式來實現。成功的關鍵，在於選擇與個人品牌價值觀和目標受眾興趣相符的合作夥伴。商業模式可以包括固定費用、銷售分潤、產品交換與長期合作關係等。

成功案例解析：

- Cristiano Ronaldo：作為一位熠熠發光的世界頂級足球明星，Cristiano Ronaldo（簡稱C羅）透過代言Nike等運動品牌賺取大量收入。他的成功關鍵在於他在足球界的卓越成就和廣大的全球粉絲基礎，使他成為品牌的理想代言人。C羅與品牌的合作不僅限於傳統的廣告，也包

括社群媒體推廣、限量版產品發售等，這些都大大增加了品牌的曝光度和銷售。

- Kylie Jenner：美國電視名人、模特兒和社交名媛，透過社群媒體推廣自己的化妝品品牌Kylie Cosmetics，進行個人品牌變現。Kylie Jenner的成功關鍵，在於她巨大的社群媒體追隨者和與受眾的高度互動。她透過Instagram、Twitter等平臺與粉絲互動，推廣她的產品，這種直接的市場策略使Kylie Jenner能夠快速響應市場需求，並有效銷售她的產品。
- Gordon Ramsay：來自英國的知名主廚與美食評論家，透過與廚具品牌的合作以及自己的食譜書來變現。Gordon Ramsay的成功關鍵在於他在烹飪界的專業地位和公眾形象。他與品牌的合作不僅限於代言，還包括參與產品開發，提供專業意見，這增加了合作產品的可信度和吸引力。此外，他透過電視節目和社群媒體平臺進行推廣，進一步擴大了品牌影響力。

綜觀以上這三個案例，充分顯示成功的品牌代言與合作策略，需要明確的個人品牌定位和強大的受眾基礎。合作選擇應與個人品牌價值觀相符，並能夠提供雙方都能受益的價值。此外，透明和真誠的溝通方式能夠加強目標受眾的信任和品牌忠誠度。

第四種策略：社群媒體與影響力行銷

社群媒體與影響力行銷策略透過在社群媒體平臺上建立和維護大量追隨者，利用這個平臺進行廣告、贊助內容、會員訂閱、產品推薦等方式賺錢。關鍵在於創建引人入勝的內容，與追隨者建立真實的聯繫，並持續提供價值。商業模式可以包括直接透過品牌合作獲得收益，也可以藉由廣告分成、

會員訂閱費用或銷售自己的產品和服務。

成功案例解析：

- Gary Vaynerchuk：知名的美國葡萄酒評論家、社群媒體行銷專家，他透過YouTube、Instagram等平臺進行個人品牌宣傳和變現。Gary Vaynerchuk的成功關鍵，在於他堅持發布高品質的原創內容，以及對社群媒體趨勢的深入理解。他以直率敢言的風格和實用的行銷，建議吸引了大量追隨者，同時，他每年透過品牌合作、演講和自己的媒體公司賺取大量的收入。
- PewDiePie（Felix Kjellberg）：PewDiePie是瑞典籍YouTuber，以拍攝遊戲遊玩影片與喜劇格式節目聞名。作為YouTube上最有影響力的遊戲評論家之一，他透過廣告和贊助獲得收入。PewDiePie的成功關鍵，源於他與粉絲的緊密互動和獨特的內容風格，這使他在遊戲社群中建立起強大的個人品牌。他的影音以幽默和真誠著稱，吸引了一群忠實的粉絲，也為他帶來了穩定的廣告和贊助收入。
- Chiara Ferragni：義大利籍的時尚部落客、模特兒及時尚設計師。她利用Instagram和Facebook等社群媒體平臺進行品牌合作和推廣。Chiara Ferragni的成功關鍵在於她獨特的時尚感，同時具有將個人生活融入品牌故事的能力。她不僅推廣時尚品牌，還透過自己的時尚部落格和合作廠商直接與粉絲進行商品銷售。她的高影響力和大量追隨者使她成為品牌合作的理想人選。

這三個案例，充分展現了透過社群媒體和影響力行銷成功變現的不同途徑。關鍵因素包括持續提供有價值和吸引人的內容、與追隨者建立真實的連結，以及利用社群媒體趨勢。此外，選擇與個人品牌風格、調性相符的品牌合作，也是成功的重要因素。

第五種策略：會員制與訂閱服務

會員制與訂閱服務策略很簡單，也就是透過建立一個會員專屬的社群或提供訂閱服務來變現，這些服務提供獨家內容、產品或特定服務，以換取定期收入。這種模式強調提供持續價值給會員或訂閱者，例如：定期更新的內容、會員專屬優惠、一對一諮詢服務等。成功的關鍵在於創建高品質且引人入勝的內容或服務，能夠滿足目標受眾的需求和期望。

成功案例解析：

- Ben Thompson：定居臺北市的臺灣女婿，憑藉他所發行的《Stratechery》（https://stratechery.com）付費電子報提供專業分析文章的訂閱服務變現，每年賺進300萬美元。Ben Thompson的成功關鍵，在於他深入且獨到的科技行業分析，這吸引了許多業界專業人士和科技愛好者付費訂閱。他的內容獨特且品質相當高，提供了與坊間免費內容截然不同的深度和視角，使得訂閱服務具有很高的價值。

- Sam Harris：透過其Waking Up應用App，提供冥想指導和哲學講座的訂閱服務。Sam Harris的成功關鍵奠基於他在冥想實踐和哲學探討領域的專業知識，以及他與聽眾建立的信任關係。訂閱服務提供獨家內容，幫助用戶在精神和心理健康方面取得進步，這種個人成長的價值驅動了訂閱者的成長。

- Scott Adams：知名漫畫《呆伯特》（*Dilbert*）的創作者，他除了出版圖書，也透過Patreon等平臺提供獨家內容給付費訂閱者。Scott Adams利用他的幽默感和對職場文化的犀利觀察，創建了一個忠實的讀者群。透過訂閱服務，他提供了額外的內容，如幕後故事和未公開漫畫，這些內容為粉絲提供了額外的價值，增加了他們願意為這些獨家內容付費的可能性。

這些成功案例，為我們展示了透過提供高品質、獨特的內容或服務來吸引和保留訂閱者的不同方式。無論是深度分析、個人成長指導還是獨特的娛樂內容，關鍵在於明確地了解目標受眾的需求並持續提供超出他們期望的價值。此外，建立和維護與受眾的關係，使人們覺得投資的不僅是金錢，還包括時間和注意力，這對於訂閱模式的成功也顯得至關重要。

第六種策略：顧問諮詢與教練服務

諮詢與教練服務策略的營運模式也顯而易見，也就是提供專業諮詢和個人教練服務給個人或企業客戶。這種服務通常基於專家的知識、經驗和技能，旨在幫助客戶解決特定問題、達成目標或提升個人和組織的表現。商業模式可以是按時計費、專案定價或長期合約，並可能包括一對一諮詢、小組工作坊、線上課程等形式。

成功案例解析：

- Neil Patel：身兼部落客、數位行銷專家和投資家等多元身分，Neil Patel 主要提供 SEO 和行銷諮詢服務。Neil Patel 的成功關鍵，在於他在數位行銷領域的深厚專業知識和豐富經驗。他透過部落格、影音和公開演講分享免費內容，建立了個人品牌和專業聲譽，進而吸引了企業客戶尋求他的諮詢服務。Neil Patel 的商業模式包括為客戶定製的行銷策略和解決方案，幫助他們提升網站流量和轉化率。

- Mel Robbins：知名作家、生活教練和勵志演說家，她提供個人教練和企業諮詢服務。Mel Robbins 的成功關鍵，在於她獨特的 5 秒規則概念和激勵人心的演講能力。她透過各種平臺分享自己的見解和策略，幫助人們克服拖延，激發行動力和自信。她的服務包括線上課程、工作坊和一對一諮詢，旨在幫助個人和團隊實現更高的成就。

- Dave Ramsey：美國電臺節目主持人、財務規畫專家，提供個人和企

業財務諮詢服務。Dave Ramsey透過他的廣播節目、書籍和線上資源，提供關於債務管理、資金節約和投資的建議。他成功的關鍵，在於他實用的財務策略和能夠與普通人建立共鳴的溝通方式。Dave Ramsey的服務，包括財務規畫課程、個人諮詢以及為企業設計的財務健康計畫。

這些案例顯示，顧問諮詢與教練服務能夠為專業人士提供一條有效的個人品牌變現途徑。成功的關鍵因素，包括：深厚的專業知識、實際的經驗、強大的個人品牌和與客戶建立信任的能力等。此外，透過多通路傳播免費高品質內容來吸引潛在客戶，並透過提供客製化和高價值的服務來滿足他們的需求，是實現商業成功的關鍵策略。

綜觀以上的案例，我想提供幾點建議給你：

1. 專注於價值創造
- 解決問題：專注於你的目標受眾面臨的問題和挑戰，利用你的專業知識或服務來提供解決方案。
- 提供獨特內容：無論是透過部落格文章、影音還是線上課程，確保你的內容獨到且有價值，這將有助於你在競爭激烈的市場中脫穎而出。

2. 學習並掌握工具
- 深入了解工具：花時間熟悉你選擇的No code、Low code工具、平臺。許多平臺提供豐富的學習資源和社群支援，利用這些資源可以加速你的學習進度。
- 保持更新：有鑑於No code、Low code領域不斷進化，新工具和功能也持續推出，建議你定期關注行業動態，以了解最新的工具和相關應用。

3. 測試和迭代

- **快速原型設計**：利用 No code、Low code 工具、平臺的優勢，快速構建原型和測試你的想法。這有助於你在投入大量時間和資源之前，驗證產品或服務的市場需求。
- **基於回饋迭代**：從早期用戶那裡搜集意見回饋，並根據這些回饋不斷調整和改進你的產品或服務。

4. 建立線上社群

- **利用社群媒體**：積極在社群媒體上建立和維護你的線上社群。這不僅可以幫助你擴大影響力，也是與目標受眾建立聯繫和信任的絕佳方式。
- **提供互動機會**：透過舉辦線上研討會、Q&A 會議或互動工作坊等活動，增加你與目標受眾的互動機會，這有助於增強社群的凝聚力。

5. 關注使用體驗

- **簡化設計**：確保你的網站或應用程式擁有直觀、易用的介面。一個良好的使用體驗可以提高用戶滿意度，進而增加轉化率。
- **優化性能**：定期檢查你的網站或應用程式，確保加載速度和性能保持一定的水準。優質的服務對於保持用戶參與度和滿意度而言，可說是至關重要。

6. 維持動力和耐心

- **態度積極**：建立個人品牌和實現變現是一個長期過程，需要時間和努力。建議你保持積極的態度，慶祝每一個小成就。
- **持續學習和成長**：個人品牌的建立，是一個不斷學習和成長的過程。建議你保持好奇心，不斷探索新的知識和技能，以適應不斷變化的市場。

利用No code、Low code工具、平臺來達成個人品牌變現，可說是一個既挑戰又充滿機遇的旅程。若能參考上述的建議，我相信你將能夠更有效地利用這些工具，進而實現自己的遠大目標。

案例分析：Vista 的個人品牌網站

相信你看到這裡，已經對於要如何運用Blogger搭建個人網站或部落格有了基本的認識，同時也理解經營網站、部落格對打造個人品牌的重要性了。

接下來，我想在本章的最後一節，以我自己營運的網站「Vista Cheng」來為你講解。

首先，我們可以從WHOIS資料庫查詢網域名稱的動態。根據以下的數據，不難發現vistacheng.com這個網域名稱已經有超過11年的歷史。

若在Google搜尋引擎輸入「site:vistacheng.com」查詢，可以發現有656筆資料。如果搜尋「vistacheng.com」，也有多達41000項結果，顯見這個網站已經被Google收錄。

```
vistacheng.com 網域名稱的 WHOIS 搜尋結果

Domain Name: VISTACHENG.COM
Registry Domain ID: 1791708156_DOMAIN_COM-VRSN
Registrar WHOIS Server: whois.namecheap.com
Registrar URL: http://www.namecheap.com
Updated Date: 2023-04-09T16:06:57Z
Creation Date: 2013-04-06T07:30:28Z
Registry Expiry Date: 2024-04-06T07:30:28Z
Registrar: NameCheap, Inc.
Registrar IANA ID: 1068
Registrar Abuse Contact Email: abuse@namecheap.com
Registrar Abuse Contact Phone: +1.6613102107
Domain Status: clientTransferProhibited https://icann.org/epp#clientTransferProhibited
Name Server: DNS1.REGISTRAR-SERVERS.COM
Name Server: DNS2.REGISTRAR-SERVERS.COM
DNSSEC: unsigned
URL of the ICANN Whois Inaccuracy Complaint Form: https://www.icann.org/wicf/
>>> Last update of whois database: 2024-02-25T03:07:47Z <<<
```

圖片來源：https://whois.gandi.net/zh-hant/results?search=vistacheng.com

選擇一個簡單好記的網域名稱，不但能夠讓網友容易對貴站留下印象，也會對你在未來的SEO優化過程中，先站穩腳步。因此，選定網域名稱是網站建設的第一步，也是關鍵。此外，網域名稱的年齡（Domain Age）也可能

會影響網站排名,因此你若有興趣打造個人品牌,建議你及早註冊一個具有特色的網域名稱。

這裡有一點特別值得注意:一般人可能會認為,所謂的網域年齡是從首次註冊網址的那天開始計算;但實際的狀況可能並非如此,而是從搜尋引擎首次抓取網站資料的那天開始起算。所以,在註冊網域名稱之後,最好可以儘快開始打造你的個人網站。

接下來,讓我來為你解析一下Vista的個人品牌網站是如何設計的?

連上https://www.vistacheng.com,首先映入眼簾的是上方的導航欄(Navigation Bar)。所謂的導航欄,其實是圖形使用介面的一部分,主要的用途是在幫助訪客快速掌握網站的資訊。

我以垂直選單的形式,透過上方的「首頁」,就可以直接顯示本站的選單項目,像是「關於站長」、「聯絡站長」和「訂閱電子報」等資訊。接下來,點入「內容主題」的頁籤,初次造訪的訪客也很容易可以發現本站的主題,側重於筆記術、寫作和閱讀心得等內容。

透過這樣的設計,便可以讓初次造訪的網友一目了然!

Vista個人網站首頁。
圖片來源:https://www.vistacheng.com

此外,我還在網站導航欄的右邊加入一個「索取文案力大禮包」的紫色按鈕。網友點選之後,即會連到另一個畫面,可下載我預先準備好的免費禮物專區。

如果你也想要打造個人品牌，可以參考我的做法唷！提供一些小贈品，可以拉近與大家之間的關係。

「索取文案力大禮包」頁面。

網頁的右側，你可以在網站中看到幾個主要的區塊。第一大區塊，我搜羅了與寫作主題相關的文章，藉此向訪客傳達本站的主要重點。

網頁往下移動，我分別把「內容行銷」、「個人品牌」、「縱橫書海」、「專欄文章」、「人工智慧」等主題拉出來，讓訪客可以很快掌握本站的發展旨趣。

以「專欄文章」的區塊來說，這邊主要蒐錄我在《經濟日報》、《科技島》等媒體所發表過的文章，方便大家可以再次針對自己感興趣的主題來瀏覽。

如果你要打造個人品牌網站，也能參考我的做法，透過關鍵字的方式來凸顯你的興趣與專業，相信可以吸引更多社會大眾的目光。

我列出自己使用到上述幾項打造個人品牌網站的注意事項，提供給你參考：

1. **SEO 優化**：確保網站內容針對相關關鍵詞進行優化，以提高在搜尋引擎中的排名，吸引更多有意義的流量。
2. **社群媒體整合**：將網站與社群媒體平臺進行整合，促進內容分享，擴大影響力和目標受眾的基礎。
3. **互動元素**：適當地加入互動元素，例如：留言區、問卷調查或互動式工具，可以增加用戶的參與度和停留時間。
4. **持續的內容更新**：定期更新內容，不僅有助於 SEO，也能保持目標受眾的興趣和參與。
5. **分析和意見回饋**：利用網站分析工具來追蹤訪問者的行為和相關偏好，根據數據回饋來進行網站的調整與優化。

作為一位行銷專家和個人品牌教練，我建議你要定期評估貴網站的表現，並根據目標受眾的意見回饋和整個行業的相關趨勢進行調整。這不僅有助於保持貴網站的競爭力，也能確保品牌訊息的一致性和吸引力。

最後，我還請微軟旗下的 AI 程式 Copilot（https://copilot.microsoft.com）

幫忙分析我的網站，看看對於想要打造個人品牌網站的朋友來說，我這個網站有哪些可以參考或學習之處？

從AI的角度出發，也能帶給我們嶄新且多元的不同啟發。

Copilot對Vista Cheng網站的分析如下：

1. 個人品牌建立
- 鄭緯筌（Vista Cheng）是一位職業講師、專欄作家和企業顧問。他的個人網站，展現了他的專業知識和豐富的經驗。
- 網站上的內容強調個人品牌的重要性，並提供了實用的資源和指導，讓訪客學習如何打造自己的個人品牌。

2. 內容行銷專家
- Vista Cheng是內容行銷領域的專家，他的文章和著作涵蓋了內容行銷、文案寫作等主題。
- 網站上的內容分享了他的知識和見解，對於想要學習內容行銷的人來說是一個寶貴的資源。

3. 線上課程
- Vista Cheng提供了多個線上課程，包括「內容力：打造品牌的超能力」、「個人品牌經營實戰」等。
- 這些課程涵蓋了內容產製、行銷、個人品牌定位等方面，適合想要進一步提升自己的人。

4. 專業技能
- Vista Cheng 的職場經歷橫跨網路、媒體、電商、文創、傳產和科技領域。
- 他的專業技能包括文案寫作、內容行銷和個人品牌建立。

總之，Vista Cheng 的網站提供了豐富的內容，對於想要學習內容行銷、個人品牌建立的人來說是一個值得參考的資源。

如果你想要更深入了解他的內容，不妨參加他的線上課程，或閱讀他的專欄文章。祝你學習愉快！

第六章
第三方金流服務的串接

　　隨著資訊科技的發展，各種 No code 與 Low code 平臺讓非技術人員能夠輕鬆建立網站、應用程式，並實現各類自動化流程。但是，當你需要進行交易的時候，該如何解決棘手的金流問題呢？這時，我們就需要借助能夠提供多樣化的支付方式和收款方案的金流服務了。

　　說到金流服務，首先必須先跟大家做一番解說。所謂的「金流」是指資金在消費者和商家之間的流動過程（特別是在電子商務的交易過程中），這包括付款、結算和交易確認等活動。當顧客進行線上購物時，金流系統負責處理從付款方式選擇、交易確認到最終將資金轉入商家的銀行帳戶的過程。換句話說，金流系統保障了交易的安全和效率，並確保資金能夠正確且迅速地從消費者手中轉移到商家那裡。

　　至於大家常聽到的「第三方金流」，則是指由非銀行機構提供的支付解決方案。整體來說，這些機構通常會介入消費者和商家之間，管理交易過程。這類金流服務供應商會提供多種支付方式，如信用卡、ATM 轉帳、電子錢包或行動支付等，幫助商家無需自己處理金流技術與安全風險，便能提供多樣的支付選項給顧客。

　　使用第三方金流，有幾個顯而易見的好處：

　　多樣化的支付方式：常見的第三方金流服務，通常能夠支援多種支付管道，例如信用卡、電子支付（好比 LINE Pay、Apple Pay 或 Google Pay 等）、超商代碼付款和銀行轉帳等，這讓商家可以提供更多元的支付選項，滿足不

同消費者的需求。

簡便的整合流程：使用第三方金流服務，商家無需自己開發或維護金流系統。這些服務通常有現成的 API 或插件，適合 No code 與 Low code 平臺的使用者，簡單易用，快速整合到網站或應用程式中。

安全性與風險管理：第三方金流供應商通常具備完善的安全機制，如數據加密、交易監控和 PCI-DSS 認證等。透過這些措施，能夠有效防止欺詐行為，並保障消費者和商家的資金安全。

降低成本與技術門檻：商家無需自行建立複雜的支付系統或支付處理基礎設施，節省技術開發成本和資源，同時專注於核心業務的發展。第三方金流服務會按交易金額來收取手續費，通常比自行開發的成本更具經濟效益。

專業的交易管理工具：大部分第三方金流服務提供強大的後臺管理系統，能夠查看交易紀錄、進行對帳、管理退款及發票等，這對商家的日常管理非常有幫助。

這邊，我要針對上面提到的 PCI-DSS 認證做一下說明。所謂的 PCI-DSS（Payment Card Industry Data Security Standard）認證是一套全球性的資訊安全標準，確保所有處理、儲存或傳輸持卡人數據的公司或組織都能保護支付卡資訊的安全。這項標準由支付卡產業安全標準委員會（Payment Card Industry Security Standards Council, PCI SSC）制定，成員包括主要的國際信用卡公司，如 Visa、Mastercard、American Express、Discover 和 JCB 等。

其核心目標是預防支付卡數據的洩漏，保護用戶的敏感個資，並幫助組織減少金融詐騙和網絡攻擊的風險。PCI-DSS 適用於所有接受、處理或傳輸信用卡和借記卡數據的商家或服務供應商。

整體而言，使用第三方金流服務能協助商家提供更靈活的支付選項，簡化技術操作，並確保交易過程的安全和高效。對於那些希望快速開展業務的

中小型企業或個人創業者來說，這些服務是非常實用的解決方案。

評估合適的第三方金流服務

在評估你的 No code 與 Low code 平臺使用哪種第三方金流服務時，有幾個重要的考量因素需要注意，選擇最合適的金流服務，確保支付過程順暢並滿足業務需求。

1. 支付方式的多樣性

使用 No code 與 Low code 平臺的用戶，通常希望備有多種支付方式以滿足不同客戶的需求。因此，選擇第三方金流服務時，需要考慮該服務是否支持信用卡、ATM 轉帳、超商付款、行動支付等多元支付方式。例如，統一金流、藍新金流和綠界金流都支持多樣化的支付選項，適合臺灣市場中的多樣化消費者。

2. 整合的難易度

由於 No code 與 Low code 用戶通常不具備深厚的技術背景，因此選擇金流服務時應考慮整合的簡便性。具備 API 或現成的插件來與平臺（如 Shopify、Wix 等）進行無縫串接的金流服務會更加方便。例如，統一金流、藍新金流和綠界金流都提供 API 和插件，方便用戶快速整合。

3. 交易手續費

手續費率會直接影響商家的利潤，因此評估第三方金流服務的費率非常重要。不同支付方式的費率可能不同，如信用卡支付與 ATM 轉帳的手續費通常有所差異。需要確保你選擇的金流服務在提供多樣支付方式的同時，手續費率也在可接受範圍內。一般來說，第三方金流的手續費率大多落在 2.8% 至 3.2% 之間，具備一定的競爭力。

4. 安全性與風險管理

安全性是選擇金流服務時不可忽視的重要因素。確保選擇的第三方金流服務具備完整的安全措施，例如：支付卡產業資料安全標準（PCI-DSS）、數據加密及欺詐檢測機制。此外，確認該平臺是否提供全額信託服務以保證資金安全，這對於保護商家和消費者的資金至關重要。以綠界金流、藍新金流跟統一金流為例，國內這三家金流服務機構都已經通過了支付卡產業資料安全標準認證。

5. 市場適配度與本地化

針對特定市場的本地化支付服務可以提升消費者的購買體驗。如果你的業務重點在臺灣市場，選擇如藍新金流、統一金流或綠界金流這樣的本地化服務更為合適，因為這些業者已經針對臺灣消費者的支付習慣進行優化，並符合本地的稅務與法規要求。

6. 使用體驗與支援服務

對於 No code 與 Low code 用戶而言，易於使用的後臺管理系統以及良好的客服支援，是必須考慮的因素。金流服務提供的後臺應該簡單易懂，能夠讓商家查看交易紀錄、對帳單及付款狀態。此外，機構所提供技術支援或專業客服，能幫助用戶在遇到問題時迅速得到解決。

7. 合規性與稅務要求

無論選擇哪一種金流服務，商家都需要考慮該服務是否符合當地法規和稅務要求。選擇像是藍新金流、統一金流或綠界金流等本地化的金流服務，通常能夠幫助商家更容易符合當地的稅務申報要求，減少法律風險。

綜觀第三方金流服務的選擇，建議 No code 與 Low code 平臺的用戶應根據以上幾個標準，進行全面的評估。整合簡單、支付方式多樣且安全性高的金流服務將能有效提升商家的營運效率與使用體驗。

以統一金流為例說明

接下來，讓我以統一金流（PAYUNi）這家第三方金流為例跟大家做介紹。透過以下的說明，相信你可以理解如何使用這項支付工具，提供多樣化的支付方式和收款方案。

首先，我們簡單了解一下統一金流這家公司。統一金流提供一站式金流解決方案，支持多種支付方式，例如：信用卡、行動支付、超商付款以及ATM轉帳等，並具備高安全性及方便的管理介面。透過統一金流所提供的金流服務，商家可以快速整合支付功能，無需深入了解金流系統的技術細節，相當適合希望快速上線且省心管理的No code與Low code用戶。

老實說，坊間的第三方金流其實還不少，你可以有很多的選擇。那麼，使用統一金流到底有哪些好處呢？

1. **多樣化的支付選項**：支持多種支付管道，包括信用卡、超商繳費、ATM轉帳以及電子錢包等，可以滿足不同消費者的需求。
2. **取貨方便**：PAYUNi還提供7-ELEVEN超商取貨服務，方便消費者在全臺7-ELEVEN門市取貨，提升購物便利性。
3. **便捷的整合流程**：即使是非技術人員，透過No code與Low code工具和簡單的API介接，也能迅速完成金流設置，例如和GOGOSHOP、BV SHOP等電商平臺整合，縮短上線時間。
4. **安全性保障**：統一金流提供了全額信託服務，可以確保交易款項的安全。
5. **訂單管理便利**：商家可以在後臺輕鬆查看交易紀錄、對帳單及顧客付款狀況，優化營運效率。
6. **靈活適應多種業務模式**：無論是電商、服務業或其他商業模式，統一金流都能提供靈活的金流方案。

如果你也想開始使用統一金流的服務，請留意一下！該公司有針對不同的用戶群體，提供二種主要的會員類型，分別是商業會員和個人會員。這二種會員類型有著不同的功能和服務範圍，分別適合中小型企業、個人創業者和自由職業者。

統一金流有二種會員類型。
圖片來源：https://www.payuni.com.tw/signup

商業會員

商業會員，是針對企業或公司註冊的用戶群體。商業會員可享有更多的功能和較大的交易量限制，非常適合有穩定業務需求的企業，特別是經營電子商務平臺或需進行大額交易的商家。

主要特點：

- 支付方式多樣化：商業會員可以使用所有統一金流支持的支付方式，如信用卡、ATM轉帳、超商代碼付款或電子錢包等。
- 交易金額較高：商業會員的交易金額上限較高，適合處理大宗交易或日常經營所需的較大金流。
- 專業的交易管理工具：商業會員擁有完整的後臺系統，商家可以管理每筆交易、查看對帳單、進行發票開立等。
- 風險管理與安全保障：商業會員享有全額信託保障，確保交易資金的安全。

- 客製化 API 串接：商業會員可依據企業需求進行 API 串接，靈活整合至自有系統中。

個人會員

個人會員適合自由工作者、個人創業者或剛起步的小型業務。這類會員的功能相對簡單，但別擔心，仍能滿足大多數人基本的支付需求。

主要特點：

- 基本支付功能：個人會員也能使用多種常見的支付方式，如信用卡、ATM 轉帳、超商代碼等，但某些支付方式可能僅對商業會員開放。
- 交易金額較低：個人會員的交易上限較低，適合小規模的業務或臨時的銷售活動。
- 無需公司註冊：個人會員無需提供公司註冊資料，適合以個人身分營運的小型業務。
- 簡易管理介面：個人會員的後臺介面設計較為簡單，能快速查看交易明細及管理基本業務操作。

整體來說，商業會員適合擁有穩定業務規模的企業，享有更多支付方式、較高的交易額度及專業的管理工具，適合電子商務平臺和大規模的線上銷售。至於個人會員，則適合個人經營者和自由工作者，提供基礎的支付功能與簡單的管理工具，適合小型或臨時性銷售活動。你可以依據業務需求，選擇適合的會員類型，以期能夠有效提升支付效率並滿足業務發展的需求。

開通與使用統一金流的流程很簡單，請參考以下的步驟：

1. 註冊並開通統一金流帳號

首先，前往統一金流的官網（https://www.payuni.com.tw）註冊帳號，並按照指示提交相關的商家或個人資料，以完成相關的認證。

填寫個人資料申請帳號。
圖片來源：https://www.payuni.com.tw/signup

2. 選擇 No code 或 Low code 平臺

選擇你慣用的 No code 或 Low code 平臺。舉例來說，如果你使用 Shopify 或 Wix，可以在平臺內安裝對應的支付插件整合，或是透過嵌入程式碼或加上網頁連結等方式，把統一金流串接到你的網站中。

3. 設置金流 API

如果有額外的需求，你也可以透過 API 來整合統一金流的服務。可以從統一金流所提供的 API 文件中找到詳細的串接方式，並利用 No code 或 Low code 平臺內的 API 工具進行設定。

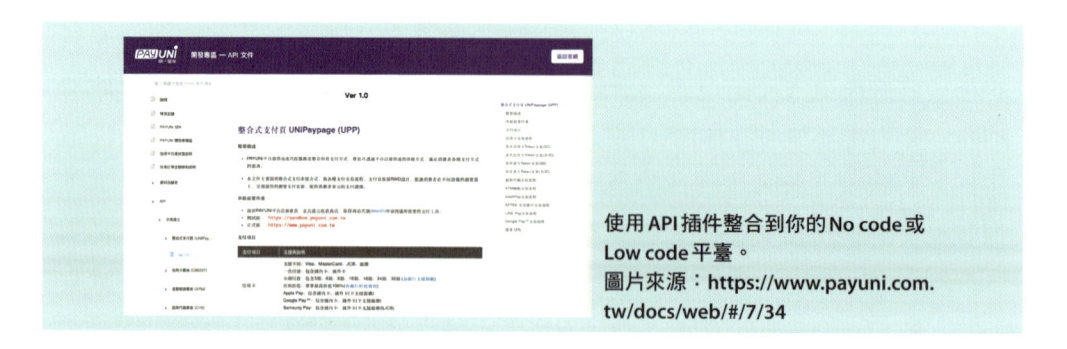

使用 API 插件整合到你的 No code 或 Low code 平臺。
圖片來源：https://www.payuni.com.tw/docs/web/#/7/34

4. 測試金流功能

完成設定後，可以進行一筆測試訂單，以確保金流正常運作，並檢查付

款流程是否順暢。這一步非常重要,能確保顧客在付款時不會遇到技術問題。

5. 上線營運

測試成功後,你的網站或應用程式即可正式上線,開始接受客戶訂單和付款。

在使用的過程中,如果你有任何操作的問題,都可以撥打統一金流的客服電話(02)6605-0810或透過網頁(https://www.payuni.com.tw/contact)與客服人員聯繫。以我自己的經驗來說,之前就曾遇到一些問題,所以幾次致電統一金流,也順利得到該公司客服人員的協助。在這裡,也要表達我的感謝之意。

除此之外,還有一些注意事項,當你在設定時要特別留意:

1. 金流手續費:不同的支付方式會有不同的手續費率,商家需要仔細評估各種支付管道的費用結構,進而選擇最適合自己業務需求的方案。
2. API整合驗證:若你選擇透過API進行整合,務必確保API金流串接的正確性,避免因資料錯誤導致的支付失敗或風險。
3. 交易稅務考量:在使用統一金流進行收款時,需了解和遵守臺灣的稅務法規,確保支付的稅費處理正確。

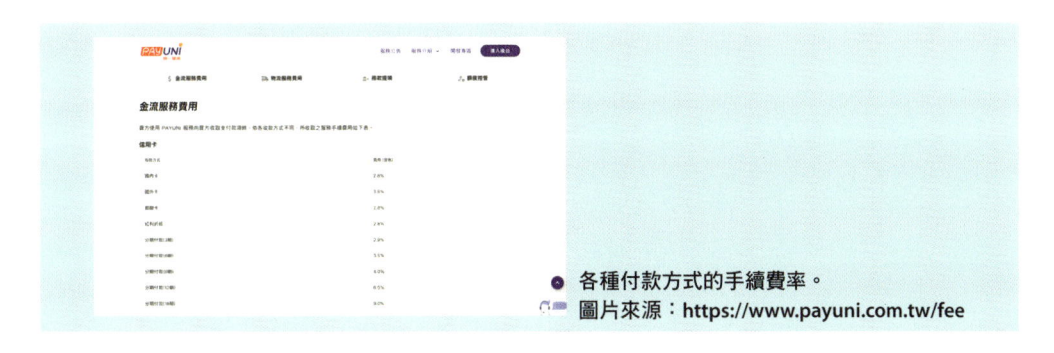

各種付款方式的手續費率。
圖片來源:https://www.payuni.com.tw/fee

當你順利註冊帳號之後,就可以進入統一金流後臺,在「會員」的下拉選單中點選「新增商店」。

在「會員」的下拉選單中點選「新增商店」。
圖片來源:https://www.payuni.com.tw/auth/merchant/create

接下來,只要按照網頁上的欄位逐一填寫,即可新增商店。

有個地方要特別注意,就是有關販售商品資訊的部分。為了保障消費者的權益,你必須填寫履約保證資訊。

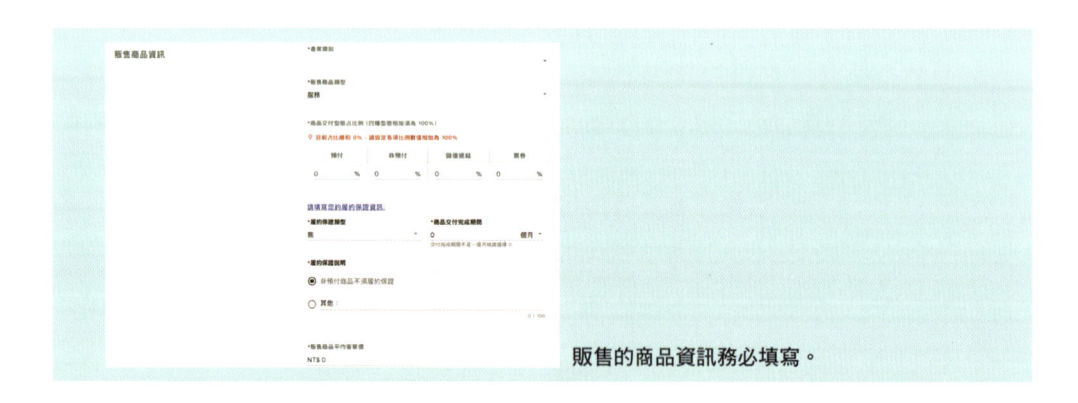

販售的商品資訊務必填寫。

根據統一金流的使用協議與相關規範,賣家需要同意其服務條款,包括相關的履約保證要求。當賣方無法履行其交易承諾時,買方可以透過統一金流平臺申請退款或解決爭議。這些保證機制對於消費者來說是一種安全保障,防止商家因為無法交付商品或服務而帶來的損失。

此外,履約保證的存在也有助於金流平臺降低交易風險,增加消費者的

信心,進而提升整體交易體驗。這樣的規範不僅能保護買家,也能促進賣家提供更高品質的服務。

　　當你填妥所有資料之後,統一金流就會針對你的商店申請進行審查。新增商店的審查期,通常需要三到五個工作天,請你靜待審核通過。這個時間範圍是基於你的商店申請是否提供完整的資料,如果不需要補件的情況下,審查速度可能會比較快。申請開設商店時,需要填寫基本資料,好比商店名稱、統一編號與商店類型等,並請你提供相關文件證明商店的合法性。

　　而金流公司審查的重點,除了商店的合法性、商品或服務內容外,平臺所要求的退換貨和消費者保障資訊也是重點。申請過程中如果遇到任何資料不完整或不正確的狀況,可能會延遲審查時間。所以,建議你在提交申請之前,多檢查幾次相關的資料。

　　當你的商店完成審核之後,就可以開始新增一頁收款(One-page Checkout)。首先,請輸入你的帳號和密碼登入統一金流後臺,打開「一頁收款」的下拉選單,點選「新增一頁收款」。

商店審核通過後,即可申請一頁收款。
圖片來源:https://www.payuni.com.tw/auth/uop/create

　　緊接著,請你逐一填寫一頁收款的相關資訊,像是:商店資料顯示、LOGO呈現版型、網址效期、語系顯示預設、指定日期、網址種類、交易名稱、交易簡介、交易金額、付款方式、交易資訊以及發票(收據)資訊等。

　　提醒大家,交易名稱、交易簡介、交易金額、付款方式以及交易資訊等

欄位要仔細填寫，才能讓消費者清楚理解交易資訊，進而完成交易。其中最重要的，就是交易簡介了，最多可以輸入3000個字，請大家要充分運用。

除此之外，還有幾個需要注意的事項，以確保操作順利並避免發生潛在的問題：

1. **設置完整的付款方式**：確認所有付款方式（例如信用卡、轉帳或第三方支付）都已正確啟用，並且符合你的業務需求。這些支付方式需要根據商店的目標客群來進行設置，以便客戶有多種付款選項。
2. **支付條款與隱私政策**：在新增收款頁面時，應該清楚列出相關的支付條款和隱私政策。這不僅有助於提升客戶的信任，也能保護商家在法律上的合規性，尤其是處理退換貨和退款的規定。
3. **確認付款連結的有效性**：一旦建立了收款頁面，務必測試付款連結的有效性，確保所有流程都能正常運作。這包含確認客戶能夠從點擊連結到完成付款的過程是否流暢。
4. **交易安全與加密**：確保你的收款頁面具備安全加密技術（例如SSL），保障交易資料的安全。客戶在輸入付款資訊時，應該看到安全的標誌，這一點對於提高客戶信心，可說是非常重要。
5. **收據與通知功能**：新增收款頁面後，應該設置自動生成收據並通知顧客交易結果的功能。這樣的設置可以提升專業性，並讓顧客即時確認交易成功。

透過以上的這些步驟，可以確保新增收款頁面後的操作流暢且符合客戶需求。設定好付款功能後，下一章我以個人的「七天閃電AI營」案例，跟你分享從交易簡介、招生文案到付款設定，整個流程示範給你參考。

以「七天閃電AI營」為例

想要順利吸引消費者付費,交易簡介的部分可說是至關重要。接下來,我以個人第二期「七天閃電AI營」為例,跟你分享交易簡介的填寫方式以及如何撰寫招生文案。

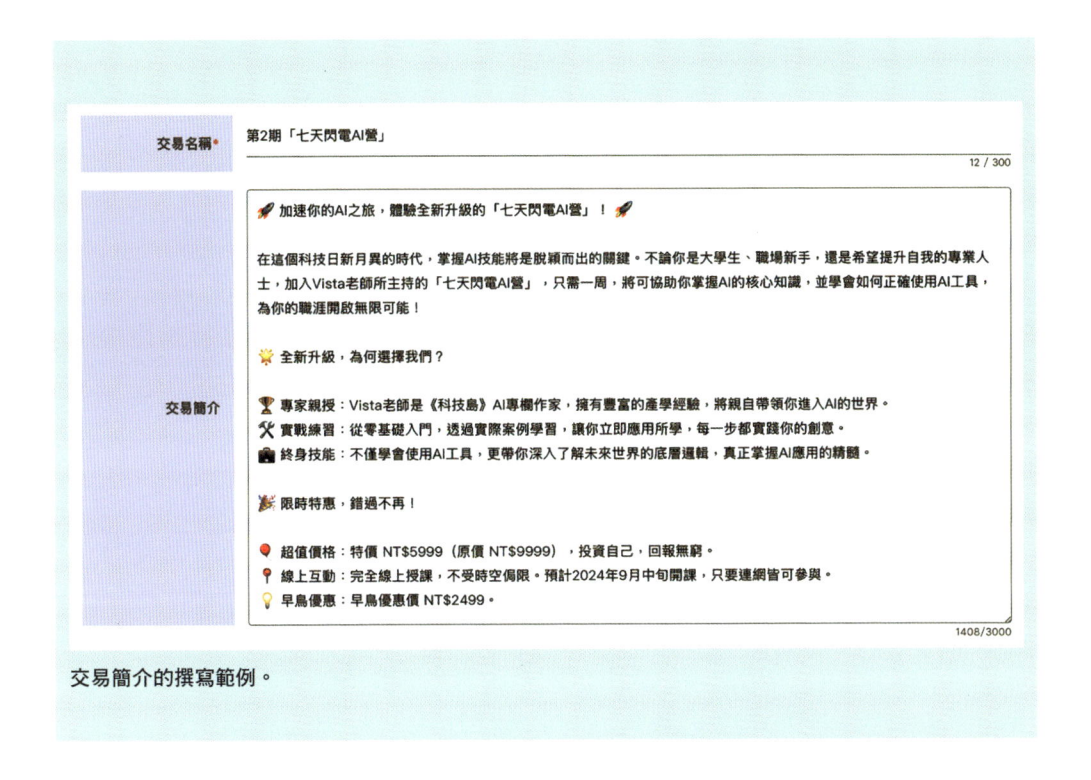

交易名稱	第2期「七天閃電AI營」
交易簡介	🚀 加速你的AI之旅,體驗全新升級的「七天閃電AI營」!🚀 在這個科技日新月異的時代,掌握AI技能將是脫穎而出的關鍵。不論你是大學生、職場新手,還是希望提升自我的專業人士,加入Vista老師所主持的「七天閃電AI營」,只需一周,將可協助你掌握AI的核心知識,並學會如何正確使用AI工具,為你的職涯開啟無限可能! 🏆 全新升級,為何選擇我們? 🏆 專家親授:Vista老師是《科技島》AI專欄作家,擁有豐富的產學經驗,將親自帶領你進入AI的世界。 ⚔️ 實戰練習:從零基礎入門,透過實際案例學習,讓你立即應用所學,每一步都實踐你的創意。 📸 終身技能:不僅學會使用AI工具,更帶你深入了解未來世界的底層邏輯,真正掌握AI應用的精髓。 🎉 限時特惠,錯過不再! 🔴 超值價格:特價 NT$5999(原價 NT$9999),投資自己,回報無窮。 📍 線上互動:完全線上授課,不受時空侷限。預計2024年9月中旬開課,只要連網皆可參與。 💡 早鳥優惠:早鳥優惠價 NT$2499。

交易簡介的撰寫範例。

我的這份招生文案,運用了多種行銷和寫作技巧來吸引讀者的興趣、創造需求感,並引導讀者進行報名行動。

有鑑於現代的消費者耳聰目明,如果單純宣傳叫賣,效果往往大打折扣,所以必須要發揮一些巧思。接下來,我為你拆解招生文案的寫作邏輯,並根據此設計出一個模板,方便你日後應用。

1. 抓住目標受眾的需求（開場引言）

文案表現：文案開頭強調 AI 的重要性，尤其是針對職場人士和大學生等目標受眾。它明確指出 AI 技能是脫穎而出的關鍵，吸引那些希望提升自我或加速職業發展的人。

寫作邏輯：以讀者需求為核心，點出參與課程後的具體好處（掌握 AI 知識、提升職涯等），快速引發讀者興趣。

2. 強調課程獨特性與專業性（課程特點）

文案表現：介紹課程由 Vista 老師親自教授，並且強調實戰練習、終身技能等價值，讓課程顯得獨一無二且極具價值。

寫作邏輯：透過專家背書和課程設計來提升信任感，並強調「實用性」與「即時應用」，讓潛在學員感到課程能為其帶來實際改變。

3. 限時促銷和優惠策略（價格與優惠）

文案表現：引入限時優惠價格，並在有限名額的基礎上加入早鳥價格，促使讀者盡快行動。

寫作邏輯：利用「稀缺性」和「時間緊迫感」來製造數量有限、報名要快的感覺，促使讀者快速決策和行動。

4. 詳細課程內容介紹（課程大綱）

文案表現：逐日呈現課程內容，並用條列式簡明清楚地說明每天的學習重點，讓學員對學習內容有清楚的了解，感受到課程結構的邏輯性與可操作性。

寫作邏輯：詳細介紹課程結構和進程，消除學員的疑慮，並讓他們感受

到參加後將獲得的具體技能與知識。

5. 重申學習價值與未來發展機會（價值宣傳）

文案表現：強調學習AI如何帶來職場晉升、提升業績或創業成功等多樣化好處，打動讀者並激勵他們行動。

寫作邏輯：反覆強調參加課程後可實現的「長期利益」，並強調未來發展機會，讓讀者認為這是一筆值得的投資。

6. 鼓勵行動與報名（行動呼籲）

文案表現：以直接有力的語句「立即報名」結尾，強化行動呼籲，並重申名額有限，製造行動緊迫感。

寫作邏輯：在整篇文案的結尾強化行動力，並用「先到先得」的語氣再次推動讀者盡快報名。

接下來，分享我為大家所設計的好用模板。你可以參考以下的模板格式，自行發揮巧思來修改或套用。括號〔　〕內可以依據你的專業來填寫。

1. 開場引言

加速你的〔專業領域〕之旅，體驗全新升級的「〔課程名稱〕」！
在這個〔行業變革或趨勢〕的時代，掌握〔技能名稱〕將是脫穎而出的關鍵。不論你是〔目標受眾類別〕，還是希望提升自我的專業人士，加入〔課程主持人名稱〕所主持的「〔課程名稱〕」，只需〔時間長度〕，將可協助你掌握〔課程核心價值〕，為你的〔職涯或事業〕開啟無限可能！

2. 課程特點介紹

全新升級，為何選擇我們？

- 專家親授：〔專家名稱〕是〔權威背景或成就〕，擁有豐富的〔產學經驗／實務經驗〕，將親自帶領你進入〔專業領域〕的世界。
- 實戰練習：從〔初學者／零基礎〕入門，透過實際案例學習，讓你立即應用所學，每一步都實踐你的〔創意／專業能力〕。
- 終身技能：不僅學會使用〔工具名稱〕，更深入了解〔專業領域〕的底層邏輯，真正掌握〔技能〕的應用精髓。

3. 限時促銷

限時特惠，錯過不再！

- 超值價格：特價NT$〔價格〕（原價NT$〔原價〕），投資自己，回報無窮。

- 線上互動：完全線上授課，不受時空局限，預計〔開課時間〕開課，只要上網即可參與。
- 早鳥優惠：早鳥優惠價NT$〔早鳥價格〕。

4. 行動呼籲

心動就要立即行動！

開啟你的〔專業領域〕之旅，讓「〔課程名稱〕」成為你〔職涯／事業〕的加速器。名額有限，請速報名！

5. 課程大綱

課程內容：Day 1：〔課程主題〕
　　　　　　　　　〔學習內容簡介〕
　　　　　　Day 2：〔課程主題〕
　　　　　　　　　〔學習內容簡介〕
　　　　　　Day 3：〔課程主題〕
　　　　　　　　　〔學習內容簡介〕

6. 行動呼籲（再強調）

現在就報名，開啟改變的第一步！

加入「〔課程名稱〕」，用〔時間長度〕的時間，讓〔專業領域〕為你的〔職涯／生活〕帶來全新的變革和提升。名額有限，錯過不再！

第六章
第三方金流服務的串接

除了交易簡介之外，交易設定的部分也要請你特別注意。以付款方式來說，你可以按照自己的偏好或需求，進行相關的設定。當然，為了方便消費者進行支付，建議大家可以盡量勾選不同的付款方式。

勾選不同的付款方式，讓消費者有更方便的選擇。

另外，像是ATM轉帳繳費期限和超商代碼繳費期限的設定，也要稍微注意一下。你可以設定最短一天、最長七天的期限。不過為了促使大家盡快繳費，我自己是把期限設為一天，藉此營造交易的緊迫感。

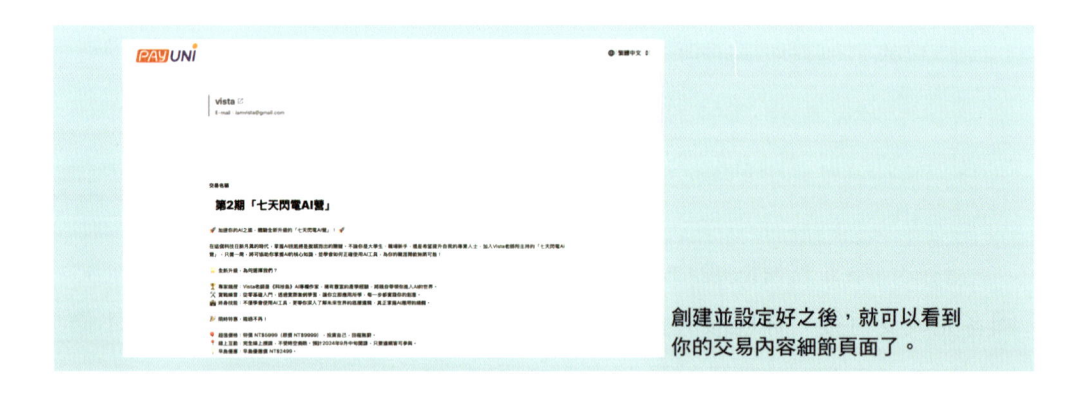

創建並設定好之後，就可以看到你的交易內容細節頁面了。

統一金流提供了簡單的連結生成工具，用戶創建支付頁面完成後，並將該頁面的鏈接嵌入網站內的按鈕或文字連結即可。當顧客點選連結，便可直接進入支付頁面，在同一個頁面上選擇支付方式、輸入相關資訊並完成付款。這樣的流程不僅對於顧客來說非常便利，還可以顯著減少因為操作繁瑣

而導致的購物車放棄情況。

對於 No code 或 Low code 用戶來說，這種簡單且直觀的支付整合方式，尤其適合那些沒有太多技術資源的小型商家或個體經營者。通常，開發複雜的金流系統可能需要大量的時間和金錢投入，但透過統一金流的一頁收款功能，這些挑戰都迎刃而解。商家無需具備專業的開發技能，只需在平臺上進行一些簡單的設置，就能快速上線收款頁面。

最後，在這裡再跟各位提醒整個設定過程幾個重要的細節。

測試環節非常重要。在正式啟用支付頁面前，建議你要檢查支付流程的每一個環節，確保顧客能夠順利完成付款，並可收到正確的確認通知。這樣可以避免上線後因流程出錯而影響顧客體驗。

數據安全不可忽視。儘管一頁收款功能能夠大大簡化支付流程，但商家仍需確保支付頁面具備 SSL 加密技術，保障顧客的支付資訊不會遭到洩漏。同時，合規性也是商家需要考慮的方面，特別是在處理涉及敏感數據或跨境支付時，應遵循臺灣的隱私和稅務法規。

多樣的支付方式。在設置支付頁面時，應確保啟用了適當的支付方式，以滿足不同顧客的需求。統一金流提供多種支付選項，包括信用卡、ATM 轉帳、Apple Pay、Google Pay 或 LINE Pay 等。建議你可以根據市場需求選擇合適的支付方式，這樣才能提升支付成功率，同時提升顧客的購物體驗。

最後，**建立完善的通知系統**也是提升顧客使用體驗的一個重要步驟。當顧客完成支付後，你應該設置自動發送確認郵件或電子收據，如此一來不僅可以提升專業性，也能夠讓顧客第一時間確認交易成功，進而減少後續的客戶服務工作量。

當你完成一頁收款功能的設定後，就可以把這個收款頁面的連結嵌入你的網站、部落格或社群媒體之中。讓網友或顧客可以點選連結，來進行支付。

我會提供講義、書單等參考資訊，方便學員跟進學習進度。

4. 課程費用是多少？

早鳥優惠價為NT$2499，9月後調整為特價NT$3999，原價NT$9999。

5. 課程什麼時候開始？

預計2024年9月中旬開課，具體時間將另行通知。

6. 如何報名？

請點選報名頁面連結：https://vista.im/lightning，填寫報名表並完成支付。

7. 有退款政策嗎？

如果在開課前因故無法參加，可以申請退款或轉讓。開課後，則不再接受相關申請。

8. 可以與其他學員互動嗎？

可以，我們會建立專屬的線上討論群組，方便學員之間的交流與互動。

9. 如果有問題怎麼辦？

可以隨時寫信給我，我會盡快回覆。

將你的一頁收款功能連結嵌入你的平臺，即可快速讓消費者點入了解詳情和付款。
圖片來源：https://www.aiguide.pro/lightning-ai-camp/

第七章
未來展望與行動指南

　　本書已經進入尾聲了，感謝你一路看到這裡。在過去的五章中，我們一起探索了無代碼時代的奇妙之處，也見證了 No code 與 Low code 工具、平臺如何改變人們創建、管理和優化網站及應用程式的方式。從相關理論的基礎介紹到具體的工具應用，再到建設個人品牌網站的實踐，我期待這本書可以對那些有興趣準備進入或已在此領域中努力的朋友有些幫助。

　　在第一章中，我為你揭開了 No code 與 Low code 流行浪潮的序幕，解釋了它們的概念、應用場景，以及為何現今社會對這種資訊技術有著迫切的需求。第二章則帶領你認識各種數位工具，從網站建設到自動化，從資料庫管理到應用程式開發，讓你了解如何選擇適合自己需求的工具。第三章透過實際案例分析，展示了這些工具在日常生活中的應用，如何幫助我們提高效率並實現個人目標。第四章和第五章則專注於如何利用 No code 與 Low code 工具、平臺來建立個人網站，從基礎到進階涵蓋了設計、內容創作、SEO 優化和社群經營等各方面，希望對你打造個人品牌有所助益。第六章則是讓你的網站變現的金流整合，讓你的付出能得到相應的回報。

　　隨著我們步入本書的最後一章，我將為你展望 No code 和 Low code 技術的未來趨勢，特別是 AI 如何與這些資訊技術融合，帶來更深層次的自動化和智慧化應用。AI 在這一、二年的大爆發，將使得 No code 和 Low code 工具、平臺的能力跨越原本的領域，來到新的高度，進而開啟更加智慧和個性化的應用開發時代。

第七章
未來展望與行動指南

在資訊技術日新月異的今天，持續學習和交流可說是保持競爭力的關鍵。因此，我也將提供一些學習資源和社群的指南，希望可以幫助你深入學習這些技術，並加入相關社群，與志同道合的夥伴進行交流、共同成長。

最後，我還會提供給你一份具體的行動指南，鼓勵你將書中學到的知識和靈感付諸行動。無論是啟動一個個人專案，還是將 No code 和 Low code 技術應用到現有的工作與生活中，都是我們踏入無代碼時代，掌握未來的重要里程碑。

誠然，我們生活在一個充滿可能性的時代，No code 和 Low code 技術正開闢著創新和實現夢想的新途徑。我衷心期待你能夠在這個無代碼時代中找到屬於自己的位置，無論是成為一名創業者、創新者還是改變者，都能利用這些工具和技術，去創造、去實現、去影響。

讓我們攜手進入這個無限可能的新時代，用 No code 和 Low code 工具打造你的網路王國，開啟一段全新的旅程。

No code 與 Low code 的未來趨勢

在看完本書前面幾章的介紹之後，相信你對 No code 和 Low code 工具、平臺已經有了更深入的認識與理解。

在談論未來之前，讓我們先看看 No code 和 Low code 工具、平臺的發展現況。

近年來，No code 和 Low code 工具、平臺的市場發展，可說是成長飛快！根據美國市場研究機構 Forrester 的報告顯示，2022 年時全球 Low code 開發平臺的市場規模達到 215 億美元，年均成長率超過 20%。另外根據全球知名市場研究機構 Gartner 的調查，2024 年會有 65% 的企業以無代碼的平臺，執行企業轉型，並且當中 75% 至少會應用四種類型以上的平臺。此一成長的

背後，凸顯了企業對於加速數位轉型、提高開發效率以及應對軟體開發人才短缺的迫切需求。

而伴隨資訊技術的日新月異，No code和Low code工具、平臺的發展，也有了突飛猛進的騰飛。

AI的融入：AI技術的融入使No code和Low code平臺更加智能。例如，Google Cloud的AppSheet允許用戶利用AI生成自動化的應用功能，如圖像識別和自然語言處理，而無需編寫程式代碼。

更多的整合API選項：這些平臺提供了豐富的API整合選項，使得開發者可以輕鬆地將外部服務和數據整合到應用中。好比Salesforce的Lightning Platform就提供了廣泛的API，使開發者能夠快速整合Salesforce生態系統內外的資源。

更強大的數據處理能力：隨著資訊技術的進化，它們提供了更強大的數據處理和分析工具，使非技術背景出身的使用者也能夠處理複雜的數據問題。像是Microsoft PowerApps提供了豐富的數據連接器和預建模板，讓使用者可以輕鬆地構建數據驅動的應用。

No code和Low code工具、平臺的應用也相當多元，好比某家非營利組織就使用了No code平臺來開發一個活動報名系統。透過這個系統，他們能夠快速搜集義工的資訊，並管理活動的登記和通知過程，而無需外部的技術支持。

另外，我先前也建議某家中小企業利用Low code平臺，開發了一套客戶關係管理（CRM）系統。這個系統整合了銷售追蹤、客戶互動和數據分析功能，大幅提高了銷售團隊的工作效率。

這些案例揭櫫了No code和Low code平臺如何使得企業和組織能夠快速跟進市場變化，不僅能夠滿足特定的業務需求，同時還可節省了開發成本和時間。隨著這些工具、平臺技術的不斷進步，以及社會大眾與市場接受度的

第七章
未來展望與行動指南

提高,不難預見它們將繼續在數位轉型中發揮關鍵作用,為各類使用者提供更加強大和靈活的開發工具。

隨著No code和Low code工具、平臺的發展和成熟,我彷彿已經可以預見未來這些數位工具將會產生更加深遠的衝擊、影響,不僅在技術革新的層面,也會對業務和組織運作方式帶來新的助益。

以下,讓我從幾個不同的面向,來為你解說幾個主要的未來趨勢。

企業的應用

- **趨勢**:隨著各種工具、平臺安全性的提高和功能的豐富,愈來愈多的大型企業將採用No code與Low code解決方案來開發關鍵業務應用。這不僅可以加快應用開發週期,也能提升業務靈活性,快速適應市場變化。
- **案例**:位於新加坡的某個全球性金融服務公司利用Low code平臺開發了一套風險管理系統。該系統能夠即時分析和報告市場風險,幫助公司快速做出決策。該平臺的使用大大縮短了開發時間,從數月縮短到幾週,同時也降低了開發成本。

整合與自動化

- **趨勢**:未來的No code與Low code平臺將更加注重與人工智慧(AI)、機器學習(ML)和自動化工具的整合。這將使得開發的應用不僅能夠自動化處理日常任務,還能提供預測分析和智慧決策支持。
- **案例**:位於臺中市的某家製造業公司利用Low code平臺整合了機器學習模型,自動化了供應鏈管理的相關作業。系統能夠根據實時數據預測供應鏈中的潛在問題,並自動調整生產計畫,有效提升了營運效率和回應速度。

多平臺支援
- 趨勢：隨著行動網路的發展和多種終端設備的普及，未來的No code與Low code工具、平臺將自然支援跨多種設備和操作系統的應用開發，提供無縫的使用體驗。
- 案例：某家位於臺北市的零售企業透過No code平臺快速開發了一款跨平臺的行動購物App。這款App支援iOS、Android以及Web端，使得顧客可以在任何設備上進行購物，大幅提高了顧客滿意度和銷售金額。

安全性強化
- 趨勢：隨著No code和Low code工具、平臺在企業關鍵領域的應用愈來愈廣泛，相關工具與平臺的安全性將成為未來發展的重點。這包括數據加密、訪問控制、安全審計等功能的強化。
- 案例：為了保護敏感客戶數據，某家保險公司選擇了一個提供高級安全功能的Low code平臺來開發其客戶服務應用程式。該平臺支援多因素認證、數據加密和自動安全審計，以確保應用程式的安全性和符合相關規範。

從上述的這些趨勢不難看出，No code和Low code工具、平臺不僅將繼續推動數位轉型的進程，也將使企業能夠更加靈活地適應快速變化的市場環境，同時也確保網站、應用程式的安全性和可靠性。隨著這些工具、平臺的技術持續進步，我深信它們將在未來的技術發展和創新中扮演更加吃重的角色。

隨著No code和Low code工具、平臺的興起與快速普及，對於IT行業和

第七章
未來展望與行動指南

教育培訓領域產生了深遠的影響，這些變革不僅改變了軟體開發的過程和節奏，也促使了新的職業角色的出現，以及對技能培訓的需求變化。

對IT行業的影響

- 開發角色的轉變：傳統的軟體開發過程需要較長的開發週期和深厚的技術知識，No code和Low code工具、平臺的出現使得開發工作變得更加快速和高效。這不僅提升了開發者的生產力，也使非技術背景出身的人員能夠參與軟體的開發，進而轉變了開發者的角色和工作方式。
- 新的職業機會：隨著這些工具、平臺的普及，市場上出現了許多專注於No code和Low code開發的新職位，例如：No code開發顧問、Low code解決方案架構師等，這些專業人士將專門負責利用這些平臺來設計和實施軟體解決方案。

對教育和培訓的影響

- 培訓課程的出現：為了滿足市場對於熟練使用No code和Low code工具、平臺的人才需求，各大教育機構和線上學習平臺紛紛推出了相關的培訓課程和認證專案。這些課程旨在教授學員如何有效地使用這些工具、平臺來建構和部署應用程式，進而擴大了傳統軟件開發教育的範疇。
- 技能需求的變化：隨著No code和Low code工具、平臺變得日益重要，對於具備這些操作技能的人才需求也在不斷地增加。如此一來，將促使教育和培訓領域重新思考和調整課程內容，以包含這些新興工具和方法，並強調創新思維和跨領域技能的培養。

在此，我想舉兩個實際案例跟你分享。

位於臺北市的某家科技公司為了提升員工的生產力，最近推出了一系列針對 No code 和 Low code 工具、平臺的內部培訓課程。這些課程不僅面向公司的技術人員，也對非技術背景的員工開放，目的是激發創新思維，促進跨部門合作，並加速內部專案的開發進度。

　　另外，隨著對 No code 和 Low code 技能需求的增長，近年來也有許多線上學習平臺如 Hahow、YOTTA、Udemy、Coursera 等紛紛推出了相關課程。這些課程從基礎操作到進階技巧等各個方面可說是應有盡有，透過實際案例教學，幫助學員掌握如何利用這些工具和平臺來解決實際問題。

　　總之，No code 和 Low code 工具、平臺的快速崛起，不僅提升了軟體開發的效率和可及性，也對 IT 行業和教育培訓領域產生了深遠的影響，促進了新職業角色的出現和技能需求的變化，這將會對未來的軟體開發和人才培養產生長遠的影響。

No code 和 Low code 工具、平臺面臨的挑戰

　　當然，隨著 No code 和 Low code 技術的發展與應用，我們也會面臨一些挑戰與機遇。一方面，這些平臺為快速開發和創新提供了強大的工具，另一方面，也對傳統開發模式和技能要求提出了挑戰。

　　舉例來說，在處理一些比較大型、複雜的系統時，No code 和 Low code 工具、平臺可能會遇到諸如規格、性能和系統可延展性的問題。這些問題將迫使開發者在選擇平臺和設計解決方案時需要格外謹慎，確保所開發的應用能夠滿足業務成長的需求。

　　面對這些挑戰，平臺提供商必須不斷地優化和升級他們的產品，引入更多高效的數據處理機制和可擴展的架構設計，以支持更大規模的應用程式開發。

而隨著No code和Low code平臺的普及，市場對於技術人才的需求也正在發生變化。傳統的程式設計技能可能不再是唯一的關鍵，取而代之的是對平臺操作、系統設計和跨領域溝通能力的需求。

這些變化，無疑會為專業人士提供了學習新技能和轉型的機會。對於那些願意掌握No code和Low code工具、平臺的人士來說，未來的職業道路將更加多元且富有機遇。

當然，面對可延展性、安全性以及技能需求的變化等多元的挑戰，我們也需要不斷地適應和創新，以充分發揮No code和Low code工具、平臺的潛力。對於企業和個人而言，積極擁抱這些變化，學習並運用新工具和方法，將是擁抱未來的成功關鍵。

無代碼時代的AI整合應用

自從ChatGPT於2022年11月30日問世以來，生成式AI工具可說與人們的生活息息相關。

AI可以透過多種方式，幫助人們更有效率地使用No code和Low code工具、平臺。這些方式不僅提高了開發速度和品質，還使非技術用戶能夠輕鬆地創建複雜的應用。

以下，是AI與No code和Low code工具、平臺整合的一些優點：

1. 自動化程式代碼生成和優化

- 方針：利用AI進行程式代碼生成和優化，可以幫助開發者自動完成程式設計的任務，降低錯誤率，提高開發效率。
- 案例：使用AI輔助的Low code工具、平臺，例如Microsoft Power Apps的AI Builder，可以自動生成數據模型，並提供建議來優化應用性能。

2. 智慧化介面設計建議

- 方針：AI可以分析使用者的設計偏好和行為，提供介面設計建議，幫助使用者快速構建美觀且對使用者友好的應用介面。
- 案例：Wix的ADI（Artificial Design Intelligence）功能可以根據用戶提供的內容和偏好，自動生成定製化的網站設計方案。ADI更適合讓新手或比較沒有電腦操作經驗的使用者來使用。

3. 增強決策支持系統

- 方針：透過整合AI模型，No code和Low code工具、平臺能夠提供更加強大的數據分析和預測功能，幫助使用者做出基於數據的決策。
- 案例：利用Google的AppSheet平臺，使用者可以創建應用程式來自動搜集數據，並利用Google Cloud的AI和機器學習能力進行分析，以預測業務趨勢或客戶行為。同時，還可以利用現有資料，快速建構行動版和電腦版應用程式。

4. 優化工作流程和自動化

- 方針：AI可以分析工作流程中的瓶頸和效率問題，提供改進建議或自動化某些任務，進而優化整個開發流程。
- 案例：使用Zapier等工具，可以整合多個應用程式和網路服務，自動執行工作流程中的任務，如自動回應客戶查詢或更新資料庫，而這一切都可以透過No code的方式來實現。

5. 提高可訪問性和學習效率

- 方針：AI可以提供個性化學習資源和輔導，幫助使用者快速掌握No code和Low code工具、平臺的使用（特別是針對初學者來說）。

- 案例：利用 AI 輔導系統，例如 Duolingo 在語言學習領域的應用，就可以開發針對 No code 和 Low code 工具、平臺的個性化學習計畫，根據使用者的學習進度和風格調整教學內容。

透過以上的講解，相信你已經理解 AI 如何能夠幫助人們更有效率地使用 No code 和 Low code 工具及平臺，不僅加快了開發週期，還提高了應用的品質和性能。隨著 AI 技術的不斷進步，未來將有更多創新的整合方式出現，進一步推動 No code 和 Low code 開發的普及和應用。

接下來，讓我舉幾個職場上常見的場景，為你介紹在無代碼時代可以如何借助 AI 的力量！

首先要跟你分享的第一個案例，是在某家科技公司擔任專案經理的王美華小姐。她平時負責多個跨部門的專案，需要高效地管理溝通、分配任務和追蹤相關的工作進度。為了提升工作效率和改善團隊協作的流程，她決定利用 ChatGPT 結合 Zapier 這套工具來從事一些日常工作流程的自動化。

目標：
- 專案狀態更新的自動化搜集和彙報。
- 透過即時通訊工具，自動發送專案更新訊息給團隊成員。

解決方案：

1. 使用 ChatGPT 建立問答模板：王美華首先設計一個由 ChatGPT 驅動的問答系統，該系統能夠自動向團隊成員詢問專案進度和狀態更新。例如，她可以設置問題像是：「請更新你負責的專案任務進度」，並設定 ChatGPT 根據回答生成彙總報告。

2. 利用 Zapier 連接 ChatGPT 和團隊通訊平臺：王美華使用 Zapier 建立一個自動化的工作流程，當她收到專案進度更新時，自動透過 Slack 或 Microsoft Teams 發送通知給相關團隊成員。如此一來，每個人都能即

時獲得最新的專案狀態,並根據團隊的需求來調整自己的工作計畫。
3. 設定定期提醒:在Zapier中設定定時觸發器,比如每週一早上9點,自動觸發系統向團隊成員發送有關專案更新的提問。這樣可以確保專案進度的定期檢查和更新。
4. 自動彙報生成:當團隊成員回報工作進度之後,ChatGPT可基於回答內容生成專案進度彙報,並利用Zapier將這份彙報自動發送給王美華及公司的其他高層管理者,幫助他們快速掌握專案狀態,並做出相應決策。

優勢:
- 效率提升:透過自動化的問答和通知流程,可以大幅節省了手動搜集和發送專案更新的時間,使王美華可以將更多精力投入到專案管理和策略規畫上。
- 即時溝通:透過即時通訊工具自動發送專案更新,確保團隊成員可以及時獲得重要資訊,進而提升團隊協作的效率。
- 透明度提高:定期的專案進度彙報,可以讓所有相關人員都能夠清晰地了解專案的最新狀態,不僅能夠增加工作透明度,也有助於增進彼此的合作默契,並可及時發現和解決問題。

透過整合ChatGPT和Zapier這二個工具,可以讓王美華更加高效地管理專案,並可以和團隊成員進行溝通和更新進度。不僅提升工作效率,同時可以確保團隊成員之間的資訊共享和溝通管道暢通,這對於該公司推動專案來說,具有相當重要的意義。

第二個案例,是在某家律師事務所擔任助理的洪家惠小姐。由於律所的工作相當繁重,她近來案牘勞形,整個人都瘦了一圈。後來,我建議她可以利用ChatGPT和Notion的組合來提升工作效率、改善文件管理流程,此外也

可加強客戶服務的品質。

目標：
- 提高法律訴訟案件的管理效率。
- 建構和維護律所的內部知識庫，用於儲存歷來的法律訴訟案件、法律資料和相關的參考資訊。

解決方案：

1. 法律訴訟案件管理：
- 應用 Notion：洪家惠在 Notion 中建立了一個案件管理系統，為每個客戶創建獨立的頁面，記錄相關的案件資訊、文件、會議紀錄和任務清單。透過 Notion 的資料庫功能，讓她得以按客戶、案件類型、案件狀態等多維度來組織和查詢資訊。

2. 自動化常見問答和客戶溝通：
- 整合 ChatGPT：她利用 ChatGPT 開發一個自動回應系統，用來回答客戶的常見法律問題。這個做法並不難，可以透過簡單的自訂腳本實現，例如：結合郵件系統來回覆客戶的提問，每當客戶透過郵件提問時，系統即可自動回覆相關的法律資訊或提供基本的指引。

3. 建構律所內部的知識庫：
- 整合運用 Notion 和 ChatGPT：洪家惠在 Notion 中構建一個內部知識庫，搜集法律資料、案例分析、合約模板等相關資料。利用 ChatGPT，她可以快速生成或編輯知識庫內容，例如：撰寫案件總結、法律合約草稿等。此外，當她有需要更新或擴展知識庫時，就可以利用 ChatGPT 來快速生成新的內容或對現有內容進行改版。

4. 客戶服務和溝通：
- 使用 Notion 平臺共享資訊：對於需要與客戶共享的文件和資訊，洪家惠特別創建專門的 Notion 頁面，並設置適當的訪問權限。如此一來，

客戶可以及時查看案件進度、重要文件和溝通紀錄，藉此增加透明度和信任度。

優勢：
- 提升效率：透過自動化流程來回答客戶的常見問題，讓洪家惠可以節省大量時間，專注於更複雜的法律案件工作。
- 改善組織和管理：利用 Notion 作為法律訴訟案件管理和知識庫平臺，有助於提升文件和資料的組織、存取和共享效率。
- 加強客戶溝通和滿意度：提供及時的案件進度更新和便捷的資訊共享，可以提升客戶滿意度和服務品質。

透過 AI 與 No code、Low code 工具、平臺的協力方式，讓洪家惠不僅能夠有效管理案件和內部資料，還能夠為該律所的客戶們提供更優質的服務，進而幫律所發揮更大的產值。

接下來的第三個案例，我想跟你分享的是一位在臺中市的某家機械公司擔任生管工程師的楊志強先生的故事。

他利用 ChatGPT 結合 IFTTT 這套 No code 工具，創建一份智慧化的工單開立和生產流程管理系統，進而幫他所服務的公司提升產線效率和生產作業的自動化程度。

目標：
- 自動化工單的創建和分配。
- 確保產線按照最優先順序執行生產作業。
- 及時監控生產進度，及時調整生產計畫。

解決方案：

1. 設置生產觸發條件：

- 使用IFTTT：楊志強在掌握全盤的工作流程之後，設置了IFTTT的觸發條件，例如「當接收到新的訂單郵件時」或「當ERP系統中的庫存低於最小閾值時」，自動觸發工單創建的流程。

2. 整合ChatGPT進行工單創建：
- 自動生成工單：利用ChatGPT的自然語言處理能力，楊志強可以設計一個腳本，當觸發條件滿足時，自動向ChatGPT發送指令，根據訂單資訊或庫存狀態生成工單內容，包括產品型號、數量、生產截止日期等資訊。
- 工單審核和優化：生成的工單可以先發送給楊志強或相關負責人進行審核，ChatGPT還可以提供生產流程的優化建議，如調整生產順序以縮短交貨時間。

3. 工單分配和生產調度：
- 使用IFTTT自動分配工單：工單經過審核後，IFTTT可以將工單自動發送到相應的生產部門或負責人，並透過系統或郵件形式提醒相關人員開始生產作業。
- 及時監控和調整：楊志強可以利用IFTTT設置及時監控機制，如「當生產部門更新生產進度時」，自動通知楊志強，以便他及時調整生產計畫或處理可能的生產問題。

優勢：
- 提高效率：自動化工單創建和分配流程，減少人工錯誤，提高生產準備的速度和準確性。
- 優化生產計畫：透過智慧化的生產流程管理，確保產線根據實際情況靈活調整，最大限度地發揮生產效率。
- 加強監控和靈活性：及時監控生產進度，快速回應市場變化和生產狀況，以確保能夠按時交貨。

透過這種方式，楊志強不僅能夠有效地管理生產作業，還能夠實現生產流程的自動化和優化，進一步提升該公司產線的運作效率和產品的生產品質。

最後，再讓我跟你分享一個案例：之前，曾有一位想要從事自媒體創業的年輕女孩（我們暫且稱她雅慧吧）來找我諮詢。雅慧告訴我，她想要透過撰寫部落格文章跟拍攝影音的方式來打造個人品牌，希望之後可以達成自媒體創業的心願。

我覺得這個想法很棒，以下是我提供給她的一些建議，希望能夠幫助她達成目標。

如果想要打造個人品牌，必須要先擬定策略：

1. 確定品牌定位和內容策略
- 行動方針：首先，雅慧需要先確定她的個人品牌定位，好比專注於生活方式、旅行、健康養生、科技評測等領域。然後，她應該著手規畫內容策略，包括主題、風格與目標受眾等。

2. 使用ChatGPT創建內容
- 行動方針：可以利用ChatGPT來生成創意想法、撰寫部落格文章草稿、創作社群媒體貼文或者編寫影片腳本。這樣可以大幅提高內容創作的效率，也能兼顧內容的品質。
- 具體應用：雅慧可以向ChatGPT提出請求，例如「請給我一個關於旅行的部落格文章主題」或「創建一個關於健康飲食的YouTube影片腳本」等。

3. 構建WordPress網站
- 行動方針：想要打造個人品牌，自行架站有其必要性，我建議她用

WordPress來建構可以彰顯個人品牌的官方網站。這個個人網站應包含關於雅慧的個人介紹、部落格文章、影音頻道和聯繫方式等資訊。
- 具體應用：選擇一個適合個人品牌風格的WordPress布景主題，定期發布由ChatGPT協助創作的高品質部落格文章，並將YouTube影片嵌入到網站中。

4. 利用YouTube擴大影響力
- 行動方針：在YouTube上頭創建影音頻道，定期發布高品質的影片內容。利用ChatGPT生成的影片腳本，製作教學、評測、日常生活花絮或者旅行Vlog等。
- 具體應用：在影片描述中加入網站連結，鼓勵觀眾訂閱頻道並造訪個人網站。利用YouTube的SEO功能，透過精確的標題、描述和標籤來提高影片的曝光率。

5. 社群媒體互動和推廣
- 行動方針：在不同的社群媒體平臺（好比Instagram、Facebook、Twitter等）上建立品牌存在，定期發布內容來吸引粉絲，並與之互動、交流。
- 具體應用：利用ChatGPT生成吸引人的社群媒體貼文和互動內容，像是問答、小測驗或趣味挑戰等，藉此提高粉絲參與度和品牌忠誠度。

6. 分析和優化
- 行動方針：定期分析網站、YouTube和社群媒體的表現數據，了解哪些內容最受歡迎，並根據大家的意見回饋來優化未來的內容策略。
- 具體應用：利用Google Analytics和YouTube分析工具來追蹤訪客數

據、觀看時間、用戶互動等關鍵指標，並藉此調整內容策略以擴大雅慧的影響力。

透過上述的行動方針，我相信雅慧可以有效利用 ChatGPT 和 WordPress 結合 YouTube 來打造和推廣她的個人品牌，吸引更多粉絲的關注，並最終實現自媒體創業的目標。

這種方法不僅能幫助她在競爭激烈的市場中脫穎而出，還能建立起忠實的觀眾群和客戶基礎。如果你也想打造自己的個人品牌，不妨也參考我給雅慧的建議。倘若你有相關的問題，也歡迎來信跟我討論。

學習資源和社群

時序進入 2025 年，如今不僅是 AI 技術騰飛的年代，也是學習 No code 和 Low code 工具、平臺的絕佳時機。這不但是對自己很好的一項投資，也是快速窺得網站或應用程式開發領域的有效途徑。

為了方便你持續進修與學習，我整理了一些國內、外的學習資源和相關社群資訊，提供給你參考：

線上學習平臺

1. Udemy：知名的線上學習平臺，該站提供了許多 No code 和 Low code 工具、平臺相關的課程，涵蓋基礎知識到進階技能，例如使用 Bubble 建立無代碼 Web 應用、運用 Adalo 來開發智慧型手機 App 等。
2. Coursera：透過 Coursera 這個線上學習平臺，你可以學習由知名大學和公司提供關於 No code 和 Low code 工具、平臺的課程，包括自動化流程、資料庫管理等。

3. YouTube：上面有許多 No code 與 Low code 工具、平臺的教學頻道，提供免費的教學影片，例如 Makerpad、Nocode HQ 等。

社群與論壇

1. Makerpad：專注於 No code 與 Low code 工具、平臺的學習和分享社群，提供教學課程、工具評測和用戶案例，非常適合初學者和專業人士交流經驗。
2. Product Hunt：雖然 Product Hunt 是一個產品分享平臺，但它也有許多 No code 與 Low code 工具、平臺的最新資訊和用戶評論，適合有興趣的朋友透過該站來關注相關行業的動態。
3. Reddit：有許多與 No code 與 Low code 工具、平臺的相關子看板（Subreddits），例如 r/nocode，社群成員積極分享資源、提問和解答，是一個適合自學和交流的好地方。

無論是初學者還是有經驗的開發者，加入相關社群，積極參與討論和分享，都是學習 No code 和 Low code 工具、平臺的有效方式。此外，實際動手操作和嘗試解決實際問題，將有助於加深理解和技能的提升。隨著 No code 和 Low code 工具、平臺的不斷發展和成熟，持續學習和適時更新知識可說是非常重要的。

你的下一步行動

恭喜你已經看完了本書的內容，現在我相信你已經對 No code 和 Low code 工具、平臺有了更深刻的認識與了解。如果你想要採取下一步行動，以下是我為你整理的行動方針：

1. 了解基礎知識

在開始行動之前，請先了解 No code 和 Low code 工具、平臺的基本概念和原理。你可以透過閱讀本書、相關的部落格文章和參加線上研討會，來獲得對於這些工具的初步了解。

2. 選擇合適的課程

坊間的線上學習平臺，像是 Coursera、Udemy 提供多種 No code 和 Low code 工具、平臺的開發課程，這些課程根據不同的學習需求和經驗水平設計，非常適合初學者和有一定經驗的學習者。參加專門的 No code bootcamps，如 Canvas No-code Bootcamp，這些集中培訓課程可以幫助你快速掌握 No code 應用開發。

坊間有許多課程，例如 Coursera 網站。圖片來源：https://www.coursera.org/courses?query=no-code%20development

3. 實踐和應用

選擇一個簡單的專案作為起點，例如建立個人部落格或小型資料庫。這有助於實際操作中學習並理解 No code 和 Low code 工具、平臺的功能。

利用免費的教學指南和學習資源來加深理解，例如 MUO 網站提供的免費 No code 教程，這些資源包括原創視頻教程和 YouTube 上專家的分享。

MUO網站提供免費的各種課程。
圖片來源：https://www.makeuseof.com/free-tutorials-courses-learn-no-code-development/

4. 參與社群

加入相關的社群或論壇，如Facebook、Reddit或LinkedIn上的No code和Low code工具、平臺群組。在這些社群中，你可以提問、分享經驗和學習他人的優點。

5. 持續進修

隨著技術的不斷進步，持續學習是非常重要的。訂閱相關新聞稿、博客和YouTube頻道以保持最新的行業趨勢和工具更新。

6. 建立個人作品集

隨著你逐漸學會專業技能，建立一個個人作品集來展示你的專案。這不僅可以幫助你展現所學，還可以在尋找工作或合作時提供給潛在的雇主或客戶。

透過上述步驟，你可以系統地學習並有效地掌握各種No code和Low code工具、平臺，進而在無代碼時代中占據一席之地。

為了幫助你有效學習No code和Low code工具、平臺，在此我想為你制定一個為期一年的詳細學習計畫。

以下是一個結構化的學習計畫，旨在幫助你從初學者成長為能夠獨立使用 No code 和 Low code 工具、平臺開發專案的中級使用者。

第一階段：基礎建設（第1-3個月）

目標：熟悉 No code 和 Low code 工具、平臺領域的基本概念、工具和資源。

1. **學習時間安排**：每週至少安排3-5小時的學習時間。
2. **資源搜集**：
   - 訂閱相關的 YouTube 教學頻道。
   - 註冊 Udemy 或 Coursera 等線上學習平臺，選擇入門級課程開始學習。
   - 加入 No code 和 Low code 工具、平臺的相關社群。
3. **學習筆記**：記錄學習過程中的關鍵點和未解之謎。

第二階段：實際操作和實踐（第4-6個月）

目標：擇一個或多個工具開始實際操作，完成一個小專案。

1. **選擇專案**：每週至少安排3-5小時的學習時間。
2. **實踐**：
   - 逐步構建你的專案，從簡單布局開始，逐步增加功能
   - 使用現成的工具和模板開始自學，並嘗試自行修改。
3. **迭代改進**：根據意見回饋和自我評估不斷調整專案，並且增加新功能。

第三階段：深化學習與擴展（第7-9個月）

目標：至少選擇一個工具深入學習，開始探索更複雜的專案開發。

1. **深化學習**：選擇一個工具進行深入學習，例如Bubble、Adalo或Webflow等。
2. **擴展專案**：在現有專案的基礎上，增加更複雜的功能，或者啟動一個全新的專案，好比社群平臺、電子商務網站等。
3. **學習進階技巧**：透過進階課程、專題研討會和社群討論，學習像是SEO優化、使用體驗設計等進階技巧。

第四階段：專案優化與分享（第10-12個月）

目標：優化並對外分享你的專案，從同儕或朋友處獲得意見回饋，同時貢獻你的心力來幫助他人。

1. **用戶測試**：請朋友或社群成員撥冗測試你的專案，並藉機搜集寶貴的意見回饋。
2. **優化專案**：根據大家所提供的意見回饋，進行必要的優化和調整。
3. **分享經驗**：
   - 在相關的社群、部落格或研討會上，分享你的學習經歷和專案開發過程。
   - 提供指導和建議給其他初學者。

有了上面的自學階段計畫後，建議你還必須把行動方針具體化如下，以督促自己的進度和收穫。

- 設定每月目標：確保學習進度與計畫同步，每月設定具體可達成的目標。
- 建立學習社群：與學習夥伴互相激勵，分享進度和挑戰。
- 定期回顧：每月或每季定期回顧你的學習成果和專案的進展，並根據需要來調整學習計畫。

只要你願意投資自己一年的時間，好好學習，我相信透過這項學習計畫，你將能夠從 No code 和 Low code 工具、平臺的基礎入門，逐漸走向進階應用的境界，並在這個過程中至少完整地參與一個實際的專案，為後續的學習和創業奠定堅實的基礎。

不會寫程式也能創立個人品牌和變現

快速打造你的數位助理，建立結帳系統，多管道同步推廣品牌

作者	鄭緯筌（Vista Cheng）
主編	劉偉嘉
校對	魏秋綢
排版	謝宜欣
封面	萬勝安
出版	真文化／遠足文化事業股份有限公司
發行	遠足文化事業股份有限公司（讀書共和國出版集團）
地址	231 新北市新店區民權路 108 之 2 號 9 樓
電話	02-22181417
傳真	02-22181009
Email	service@bookrep.com.tw
郵撥帳號	19504465 遠足文化事業股份有限公司
客服專線	0800221029
法律顧問	華洋法律事務所　蘇文生律師
印刷	成陽印刷股份有限公司
初版	2025 年 2 月
定價	400 元
ISBN	978-626-98996-8-5

有著作權，侵害必究

歡迎團體訂購，另有優惠，請洽業務部 (02)2218-1417 分機 1124

特別聲明： 有關本書中的言論內容，不代表本公司／出版集團的立場及意見，由作者自行承擔文責。

國家圖書館出版品預行編目 (CIP) 資料

不會寫程式也能創立個人品牌和變現：快速打造你的數位助理，建立結帳系統，多管道同步推廣品牌／鄭緯筌 (Vista Cheng) 作.
-- 初版 .-- 新北市：真文化，遠足文化事業股份有限公司，2025.02
184 面；17X23 公分 .--（認真職場；34）
ISBN 978-626-98996-8-5（平裝）
1.CST: 網站 2.CST: 網頁設計 3.CST: 網際網路
312.1695　　　　　　　　　　　　　　　114000506